Robert M. Hanson

**Molekül-Origami
Maßstabsgetreue Papiermodelle**

**Aus dem Programm
Chemie**

E. Gerdes
Qualitative Analytische Chemie
Ein Begleiter für Theorie und Praxis

Ch. Beyer
Quantitative Anorganische Analyse
Ein Begleiter für Theorie und Praxis

H. Schmidkunz (Hrsg.)
Periodensystem der Elemente
Informations- und Lern*software*

H. Preuß
Atomkerne und Elektronen

A. Heintz, G. A. Reinhardt
Chemie und Umwelt

S. M. Owen, A. T. Brooker
Konzepte der Anorganischen Chemie

Vieweg

Robert M. Hanson

Molekül-Origami

Maßstabsgetreue Papiermodelle

Übersetzt von Heike Voelker

Das vorliegende Werk wurde sorgfältig erarbeitet. Dennoch übernehmen Autor und Verlag für die Richtigkeit von Angaben, Hinweisen und Ratschlägen sowie für eventuelle Druckfehler keine Haftung. Die Wiedergabe von Gebrauchsnamen, Handelsnamen, Warenbezeichnungen usw. in diesem Buch berechtigt auch ohne besondere Kennzeichnung nicht zu der Annahme, daß solche Namen im Sinne der Warenzeichen- und Warenschutzgesetzgebung als frei zu betrachten wären und daher von jedermann benutzt werden dürfen.

Alle Rechte vorbehalten
© Springer Fachmedien Wiesbaden 1996
Ursprünglich erschienen bei Friedr. Vieweg & Sohn Verlagsgesellschaft mbH, Braunschweig/Wiesbaden 1996

Das Werk einschließlich aller seiner Teile ist urheberrechtlich geschützt. Jede Verwertung außerhalb der engen Grenzen des Urheberrechtsgesetzes ist ohne Zustimmung des Verlags unzulässig und strafbar. Das gilt insbesondere für Vervielfältigungen, Übersetzungen, Mikroverfilmungen und die Einspeicherung und Verarbeitung in elektronischen Systemen.

Gedruckt auf säurefreiem Papier

ISBN 978-3-528-06883-7   ISBN 978-3-322-90723-3 (eBook)
DOI 10.1007/978-3-322-90723-3

Vorwort

Ich baue gerne Modelle. Als Kind bastelte ich Modellautos und Modellflugzeuge. Die Bausätze mit ihren unendlich vielen, detaillierten Einzelteilen, die ich zusammenfügen mußte, waren immer eine große Herausforderung. Mit am wichtigsten für mich war, daß es sich um *maßstabsgerechte* Modelle handelte. Jedes Teil war eine exakte kleine Nachbildung der Realität, sorgfältig gefertigt und detailgetreu. Es war toll, wenn das letzte Teil endlich an seinem Platz war. Plötzlich hielt ich das „echte Ding" in den Händen, oder jedenfalls doch in meiner Phantasie. Ich konnte davon träumen, das Auto zu fahren oder das Flugzeug zu fliegen. Ich konnte es drehen und wenden und von allen Seiten betrachten. Alle Abbildungen, in allen Büchern der Welt, konnten es nicht damit aufnehmen, ein Modell eigenhändig zu bauen.

Irgendwann später entdeckte ich die Raketenmodelle. Jetzt standen Phantasie, Entwurf und Ausführung im Mittelpunkt. Hier ging es nicht um maßstabsgerechte Modelle. Ich verbrachte viele Stunden damit, ein neues Modell zu entwickeln, es so sorgfältig, wie ich konnte, zu skizzieren und zu überlegen, ob es wohl wirklich fliegen würde. Ich brauchte Schlauch, Balsaholz und Farben. Diese Dinge bestellte ich per Post und wartete täglich gespannt auf den Postboten. Wenn die Sachen dann endlich kamen, verbrachte ich viele Stunden im Keller unseres Hauses, sorgfältig schneidend, klebend und malend. Mein Vater und ich fuhren schließlich zu einem Feld knapp außerhalb der Stadt, errichteten eine Abschußrampe und *Zisch!* meine neueste Kreation ging ab und und wurde so manches Mal nicht wieder gesehen.

Eine weitere Leidenschaft, die ich als Kind hatte, war Origami, die japanische Kunst des Papierfaltens. Ich lernte, wie man durch sorgfältiges Falten ein einfaches, quadratisches Stück Papier in das wunderschöne Modell eines Vogels oder anderen Tieres verwandeln konnte. Beim klassischen Origami wird keine Schere benutzt und alle Linien, die gefaltet werden, ergeben sich aus der ursprünglichen Größe des verwendeten Papiers.

Diese frühen Erfahrungen im Modellbau haben sicherlich eine wichtige Rolle gespielt, als ich anfing, mich mit der Wissenschaft und speziell der Chemie zu beschäftigen. Ich habe die Chemie den anderen Wissenschaften vorgezogen, weil ich hier etwas hatte, was greifbar war. Die Moleküle, über die ich las, verlangten geradezu danach, in dreidimensionale Modelle umgesetzt zu werden. Ich war begeistert, daß in meinem ersten College-Kurs in Chemie ein Molekül-Modellbaukasten zum Einsatz kam. Dieser spezielle Baukasten enthielt dünne, bunte Plastikröhrchen und kleine Metallkugeln, um diese zu verbinden. Er war so interessant, weil er wirklich maßstabsgetreu war. Ich mußte die Röhrchen für die C-C-Bindungen ausmessen und ein wenig länger zuschneiden, als die für die C-O-Bindungen. Diese Präzisionsarbeit war eine wertvolle Erfahrung und hat mir viel über die Vielfalt der Strukturen beigebracht, die der Chemie eigen ist.

Der Molekül-Baukasten steht noch immer auf meinem Schreibtisch, ein Staubfänger, halb verdeckt vom Monitor meines Computers. Er hat seinen Zweck gut erfüllt, mich immer wieder gefesselt und über die Geheimnisse der Chemie nachdenken lassen. Obwohl viele der Originalteile verlorengegangen sind, halte ich ihn in Ehren, weil er für mich meinen ersten Exkurs in die dreidimensionale Welt der Chemie darstellt.

Sie können natürlich aus jedem Molekülmodell etwas lernen. Die Modelle in diesem Buch sind jedoch einzigartig und können mehr aussagen, als die meisten anderen Modelle, weil sie maßstabsgetreu sind. Auf diese Weise vereinigen sie ganze Datentabellen in sich. Es sind Momentaufnahmen der Realität, Darstellungen der Atomkerne, eingefroren 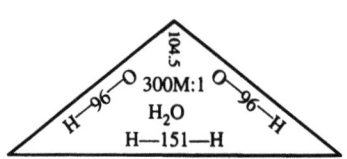 beim „Herumzappeln und Durcheinanderwuseln", gefangen in einem Schwarm von Elektronen. Einige sind groß und andere sind klein, einige sind regelmäßig und andere sind unregelmäßig. Sie kommen der Wahrheit so nahe, wie man es mit den Mitteln der Molekülstrukturaufklärung erreichen kann. Der Maßstab, den ich für alle Modelle in den Kapiteln 1 und 6 gewählt habe, ist 300.000.000 : 1. In diesem Maßstab entspricht ein Ångström drei Zentimetern im Modell. Um den SI-Einheiten zu entsprechen, sind alle Abstände in Picometern (pm) angegeben. Ein pm = 1 x 10^{-12} m = 0,01 Ångström. Folglich gibt die Beschriftung „H-96-O" auf dem Modell für H_2O einen Kern-Abstand von 96 pm oder 0,96 Ångström zwischen dem H-Atom und dem O-Atom an. Winkel werden in Grad angegeben. In den Kapiteln 2-5 mußten allerdings einige Modelle auf 20-60 % verkleinert werden, damit sie auf die Seite passen.

Die auf den Modellen angegebenen Abstände und Winkel sagen eine Menge aus, weil sie die Geheimnisse der Molekülbindung in sich bergen. Warum ist NH_4^+ so viel kleiner als BH_4^-? Warum ist SF_4 so völlig verschieden von SiF_4? Was geschieht mit der Struktur von PF_3, wenn es zu POF_3 oxidiert wird?

Sie können diese Modelle natürlich nicht zur Reaktion bringen, so wie Sie eine Modellrakete abschießen können. Sie sind unveränderbar. Aber das wissenschaftliche Konzept, das Sie in Ihrem Kopf entwickeln, um die Informationen aus den Papiermodellen zu verarbeiten, sollte Ihnen zugute kommen, wenn Sie ins Labor gehen, um Ihre eigenen „Modell-Reaktionen" zu starten. Mir ist klar, daß die Art und Weise des Faltens und Ausschneidens, wie sie im „Molekül-Origami" verwendet wird, dem klassischen Origami, wo die vollkommenen Formen im Mittelpunkt stehen, in keinster Weise gerecht wird. Die meisten Grundmuster in diesem Buch können mit der klassischen Methode aus einem quadratischen oder rechteckigen Stück Papier gefaltet werden, aber auch dann braucht man Schere und Klebeband. Beim Molekül-Origami liegt die Schönheit nicht so sehr in den Papiermodellen als in den Molekülen selber, die von der Natur ganz ohne unsere Hilfe „gefaltet" werden. Die Natur ist der wahre Origami-Meister.

„Molekül-Origami: Maßstabsgetreue Papiermodelle" richtet sich an Studenten und Chemiedozenten, die gerne Modelle von Molekülen und Ionen haben möchten, die sie in ihren Händen halten, in der Gruppe herumreichen und genau untersuchen können. So ein Papiermodell ist Datensatz und Molekülmodell in einem, dessen Daten aus experimentellen Ergebnissen stammen. Hinweise auf die Originalquellen sowie die angewandten Methoden werden im Anhang am Ende des Buches angegeben.

Kapitel 1 konzentriert sich auf zwei der am häufigsten vorkommenden dreidimensionalen Molekülformen: die trigonale Pyramide und das Tetraeder. In Kapitel 2 kommen vier neue Formen, bis zum Oktaeder, dazu. Kapitel 3 behandelt sechs weitere Formen, die selten dargestellt werden. In Kapitel 4 werden einige Moleküle und Ionen vorgestellt, die mehr als ein „Zentralatom" enthalten. In Kapitel 5 wird Quarz als Beispiel für einen „vernetzten Feststoff" vorgestellt. Kapitel 6 enthält schließlich 76 ein- und zweidimensionale Modelle, die kein Falten erfordern. Diese Modelle haben alle denselben Maßstab, wie die Modelle in Kapitel 1, so daß Sie die Abstände und Winkel vergleichen können. Ich habe diesen Abschnitt in Verbindung mit den Modellen aus Kapitel 1 benutzt, um meine Studenten in die Lewis-Strukturen einzuführen, deren Ziel es ist, die Gesamtgeometrie zu erklären und die Vielfalt an Größen und Formen zu erkennen. Welche Winkel werden wirklich für „gebogene" Moleküle, wie z.B. H_2O und OF_3, beobachtet? Wenn ich die VSEPR-Theorie und kompliziertere Dinge aus dem Bereich der chemischen Bindung behandle, benutze ich die Modelle aus Kapitel 2.

Mit diesem Buch möchte ich Ihr Interesse an der Chemie und der Struktur der Materie wecken. Sie werden sich selber Fragen stellen. Warum ist diese Struktur so groß oder so klein? Warum ist diese Struktur gefaltet und jene nicht? Warum sind die Winkel so, wie sie sind? Warum ist diese Bindung so lang und diese so kurz? Welche Tendenzen kann ich aus diesen Daten ablesen? Das sind die Fragen, die Chemiker gerne stellen. Die Antworten bringen zwangsläufig Überlegungen über Elektronen, Protonen und Bindungen mit sich. Um Ihnen erste Denkanstöße zu geben, habe ich die meisten Strukturen in Kapitel 1 mit einigen „Fragen zum Nachdenken" kombiniert. Sicherlich fallen Ihnen viele weitere ein. Wie Sie diese Fragen beantworten, hängt natürlich von Ihnen und Ihrem individuellen Hintergrund ab. Es gibt nie nur eine „richtige" Antwort.

Eine Diskussion dieser Fragen schließt sich an. Dabei wird die Molekülorbital-Theorie zu Grunde gelegt. Die zum Verständnis notwendigen Elemente dieser Theorie werden vorgestellt. Die Diskussion beschränkt sich jeweils auf den Vergleich zweier Moleküle (schließlich hat man auch nur zwei Hände). Dieser Teil kann auch gelesen und verstanden werden, ohne daß man sich die Zeit nimmt und die Moleküle wirklich bastelt. Die Vergleiche machen allerdings mehr Spaß, wenn man die Modelle dabei in den Händen hält. Am Ende der Diskussion findet sich eine Liste von neun Trends, die ich aus den Daten herausgelesen habe. Einige werden Sie vielleicht wiedererkennen, andere mögen Ihnen neu sein. Ebenfalls am Ende der Diskussion findet sich eine Zusammenfassung von zehn grundlegenden Punkten der Molekülorbital-Theorie, die während der gesamten Diskussion benutzt werden. Sie werden den Index sehr nützlich finden, wenn Sie Vergleiche anstellen möchten. Jeder Vergleich, der diskutiert wird, ist aufgeführt, und jeder Eintrag verweist sowohl auf die zugehörigen Daten als auch auf die Diskussion. Eine gute Übung kann z.B. sein, die Strukturen, die unter dem Stichwort „Ammoniak, NH_3, Vgl. mit ..." aufgeführt sind, zu vergleichen.

Was auch immer Sie damit machen, ich hoffe, Sie haben soviel Spaß daran, mit dem „*Molekül-Origami*" zu arbeiten, wie ich dabei hatte, es zusammenzustellen. Melden Sie sich bei mir oder dem Verlag, wenn Sie Fragen oder Anmerkungen haben!

Robert M. Hanson
Department of Chemistry
St. Olaf College
Northfield, MN 55057 USA
E-Mail: hanson@stolaf.edu

Danksagung

Dieses Buch ist das Ergebnis vieler Einflüsse. Vor allem danke ich Ellen Heeren von der Arapahoe High School in Littleton, Colorado, die mein Interesse an den Wundern der Natur förderte. Besonderer Dank gilt auch Marian (Hawkinson) Ano, die mich in die Kunst des klassischen Origami einführte. Mein Dank geht auch an Sara Bergman, Karl Nelsen, Jim Baron und Chris Rasmussen, die mir als Studenten von St. Olaf immens bei den Recherchen zu diesem Buch geholfen haben. Zum Schluß möchte ich Debbie, Ira und Seth für ihre Geduld danken, besonders in den Stunden des Morgengrauens, in denen viel der vorliegenden Arbeit geleistet wurde.

R.M.H.

Inhaltsverzeichnis

Einleitung	**1**
1 Grundlegende Formen und Ideen	**7**
1.1 Trigonale Pyramide	9
1.2 Tetraeder	29
2 Höhere Geometrien	**79**
2.1 Verzerrtes Tetraeder	81
2.2 Trigonale Bipyramide	87
2.3 Quadratische Pyramide	93
2.4 Oktaeder	99
3 Über das Oktaeder hinaus	**107**
4 Weitere komplizierte Moleküle und Ionen	**141**
5 Vernetzte Feststoffe	**159**
6 Ein- und zweidimensionale Formen	**175**
7 Diskussion der Fragen aus Kapitel 1	**191**
Literatur und Methoden	217
Liste der Modelle	221
Sachwortverzeichnis	225

Einleitung

Because many students find difficulty in appreciating three-dimensional structures from two-dimensional illustrations, the examination of, and preferably also the construction of, models should play a large part in the study of these subjects.

A. F. Wells, 1984

Wie man die Modelle faltet

Die Modellvorlagen in diesem Buch sind markiert, um das Falten zu vereinfachen. Einige der Modelle stellen allerdings eine größere Herausforderung dar als andere. Die Modellvorlagen sind zum Ausschneiden gedacht. Holen Sie Schere und Klebeband heraus, und gehen Sie an die Arbeit. Die Anleitungen sind einfach und für Origami typisch:

Durchgezogene Linien sind „Berg"-Falten, die Sie von sich weg falten.

Gestrichelte Linien sind „Tal"-Falten, die Sie zu sich hin falten.

Die grauen Flächen können entweder ausgeschnitten oder einfach zurückgefaltet und in die hinteren Winkel des Modells geschoben werden. Das Ausschneiden geht schneller, aber ich empfehle, sie dran zu lassen. Sie vereinfachen das Falten und tragen zur Stabilität des Modells bei. Die Abbildung unten zeigt die Grundreihenfolge des Bastelns am Beispiel des Methans, CH_4. Im ersten Schritt werden die Linien geknifft. Als nächstes werden die grauen Flächen jeweils in ihrer Mitte zusammengebracht und hinter die Oberfläche gefaltet. Schließlich werden die drei äußeren Flächen (eine weitere ist abgewandt) zurückgefaltet und fixiert. Alle hier mit einem • markierten Stellen treffen sich am Ende in einem Punkt. Eine großzügige Verwendung von Klebefilm entlang aller Ränder ist zu empfehlen.

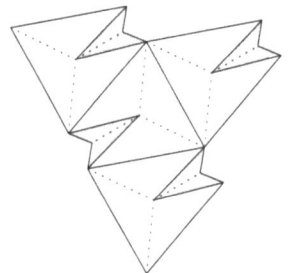 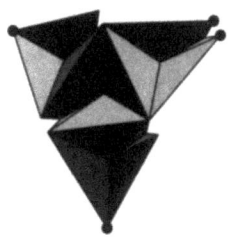 

Im folgenden werden zwei grundlegende Methoden des Faltens vorgestellt. Für die erste benötigt man ein billiges Kopierrad, wie es abgebildet ist. Die zweite erfordert eine Scheck- oder sonstige Plastikkarte.

Mit dem Kopierrad:

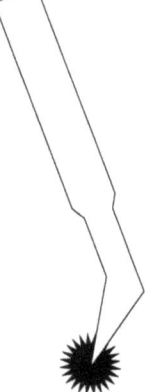

- Legen Sie ein Stück Pappe unter die Modellvorlage, die gefaltet werden soll.

- Drücken Sie leicht, während sie die Faltlinien jeweils von der Mitte nach außen entlangradeln. Ein Lineal wird dazu nicht benötigt.

- Drehen Sie das Papier um, und vergewissern Sie sich, daß alle Linien perforiert sind.

- Schneiden Sie das Muster aus (wenn nicht bereits geschehen), und falten Sie wie angegeben.

Mit einer Scheck-oder Plastikkarte:

- Schneiden Sie die Modellvorlage entlang der äußeren Linien aus.

- Legen sie die Karte (je dünner, desto besser) entlang dem äußeren Rand einer Linie, die gefaltet werden soll.

- Falten Sie das Papier zu sich hin und von sich weg, und fahren Sie mit Ihrem Fingernagel die Falte entlang.

- Um die durchgezogenen Linien zu falten, drehen Sie die Modellvorlage um und legen sie auf ein weißes Blatt Papier. So können Sie die Faltlinien auch durch das Papier hindurch erkennen und über die Karte zu sich hinfalten.

Zusätzlich ist es bei einigen der komplizierteren Strukturen notwendig, zwei oder mehr Teile zusammenzufügen. Dazu stehen vier Techniken zur Verfügung:

- **Rand an Rand.** Zum Beispiel für B_2H_6 (Seite 143). Das ist einfach.

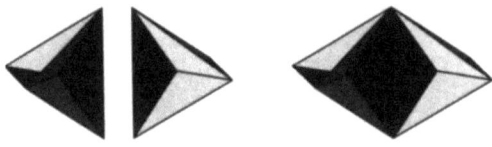

- **Fläche auf Fläche.** Das ist etwas schwieriger und wird bei $Fe_2(CO)_9$ (Seite 145) benutzt.

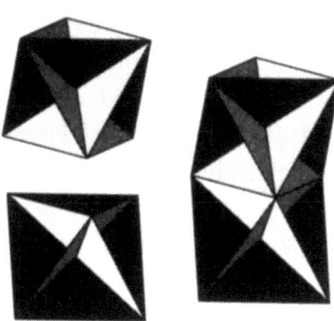

- **Ecke an Ecke.** Dies erfordert „Klebe-Falze", die man überlappen läßt, um für die richtige Ausrichtung zu sorgen. Diese Methode wird beim Quarz-Modell (Seite 161) benutzt.

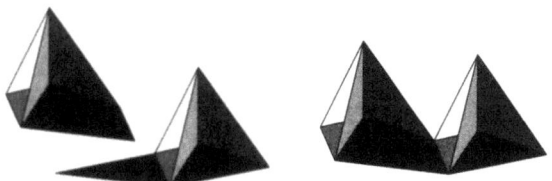

- **Mitte an Ecke.** (Dies bezeichne ich als Splissen oder Verketten.) Zu den Beispielen zählen Ethan (Seite 49) und Methylamin (Seite 53). Zum Verketten wird in jedes der Teile ein Einschnitt gemacht, anschließend werden sie, wie unten gezeigt, zusammengefügt.

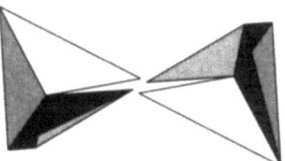 

Molekülstruktur und -bindung

Für jeden, der versucht, sich die Struktur der Materie vorzustellen, sind gute Molekül-Modelle unverzichtbar. Es gibt Ballon-Modelle, „Kugel- und Stäbchen"-Modelle aus Plastik oder Holz, teure „raumerfüllende" (Kalotten-)Modelle und Computergraphik-Modelle. Alle haben ihre individuellen Vor- und Nachteile. Sie variieren von sehr günstig bis zu extrem teuer, von gegenständlich zu nicht-gegenständlich, von flexibel zu starr und von grob zu präzise. Trotzdem haben sie eins gemeinsam: Sie alle beruhen auf der *chemischen Bindung*. Die Modelle in diesem Buch macht so einzigartig, daß sie auf der *Struktur* basieren und nicht auf der Bindung.

Bindung und Struktur sind nicht ein und dasselbe. Moleküle sind aus Atomen aufgebaut und Atome wiederum aus Atomkernen und Elektronen. Wenn Chemiker von *Molekül-Strukturen* sprechen, beziehen sie sich auf die exakte, dreidimensionale

Position der Atomkerne in einem Molekül. Diese Positionen sind genau das, was die gefalteten Papiermodelle Ihnen angeben.

Wenn Chemiker auf der anderen Seite von der *Bindung* in einem Molekül sprechen, beziehen sie sich auf die Anordnung der Atome im Bereich der äußersten Elektronen, der Valenzelektronen. Chemiker unterscheiden zwei Arten von Elektronen in Molekülen, die *inneren* Elektronen und die *Valenzelektronen*. Die inneren Elektronen sind extrem nah an den Kern gebunden und werden nicht mit anderen Kernen geteilt. Valenzelektronen sind lockerer gebunden und können zur Verbindung mit anderen Kernen genutzt werden, also zur Bindung.

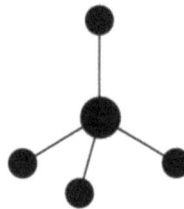

Bindung hat demnach mit den Valenzelektronen und Struktur mit den Kernen und den dazugehörigen inneren Elektronen zu tun. Typische „Kugel- und Stäbchen"-Modelle sind insofern Struktur-Modelle, als daß sich die Kugeln in bestimmten Positionen befinden. Das Problem sind meiner Ansicht nach die Stäbchen. Sind sie Bindungen, oder sind sie nur dazu da, die Kugeln am Platz zu halten? Sollen sie tatsächlich die Positionen der Elektronen oder der Elektronendichte angeben, oder sind sie nur Hilfsmittel? Es ist oft verlockend, mehr in sie hineinzuinterpretieren, als sie wirklich aussagen können. Im Grunde liefern diese Modelle nur eine grobe Vorstellung von Bindung, wie sie vor 50-60 Jahren popularisiert wurde. Neuere Experimente (meist „Photoelektronen-Spektroskopie" in den siebziger Jahren) haben eindeutig ergeben, daß selbst in so einfachen Molekülen wie CH_4, NH_3 und H_2O die Elektronen nicht lokalisiert sind. Vielmehr sind sie im gesamten Molekül verteilt. Jedes Elektron trägt auf seine Weise dazu bei, das gesamte Molekül zusammen zu halten. Die Stäbchen gleichen den Kontoauszügen einer Bank, die Ihnen zwar sagen, wieviel Geld sich auf welchem Ihrer Konten befindet, Ihnen aber keinen Hinweis darauf liefern, was die Bank eigentlich mit Ihrem Geld macht. Als Kunde ist das vielleicht auch alles, was Sie wissen müssen. Für eine erste Einführung in die Chemie ist das vielleicht auch alles, was wir lehren sollten. Aber kluge Kunden, Betriebswirte und viele andere erkennen, daß die Banken mehr tun, als einfach ihr Geld zu verwahren. Jeder, der sich irgendwie mit Molekülen beschäftigt, sollte sich darüber im Klaren sein, daß Modelle, die Elektronenpositionen als Stäbchen darstellen, nicht sehr weit reichen.

Ich möchte Ihnen Modelle an die Hand geben, in denen *keine implizite Annahmen* über die chemische Bindung gemacht werden. In diesen Modellen wird die Molekülstruktur vollständig beschrieben. Anstelle von „Atomen" haben wir „Kern-Positionen", anstelle von „Bindungen" haben wir „Zwischenkern-Abstände". Einige dieser Abstände könnten als Bindungen angesehen werden, andere nicht. Das liegt bei Ihnen. Ihre Wahl wird zeigen, ob 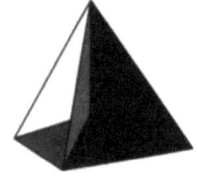 Sie lieber lokalisierte oder delokalisierte Bindungen annehmen. Ich selbst bevorzuge den Zugang zur Bindung über ein delokalisiertes „Gesamtsystem", aber Sie ziehen möglicherweise die Theorie vor, daß einige Atome miteinander verbunden sind, andere nicht, und daß diese Verbindungen aus Elektronenpaaren bestehen. Wenn Sie Linien einzeichnen möchten und diese als Elektronenpaare bezeichnen wollen, tun Sie dies. Wenn Sie die Strukturen mit Hilfe lokalisierter Theorien wie „VSEPR" erklären möchten, tun Sie das. Es ist Ihre Entscheidung. Nun folgt ein kurzer Abriß der Molekülorbital-Theorie.

Die Molekülorbital-Theorie in aller Kürze

Zur Diskussion der Bindungen in den Strukturen werden wir ein Modell der Molekülbindung benutzen, das auf der Annahme von *Orbitalen* basiert, von bestimmten Bereichen mit bestimmten Energien, in denen sich die Elektronen befinden. Wir teilen die Elektronen dabei in 2 Arten ein, in *bindende* und *nicht-bindende*.

Bindende Elektronen werden erwartungsgemäß in Orbitalen gefunden, die in hohem Maße von mehreren Atomen geteilt werden, nicht-bindende Elektronen dagegen in solchen, die zum Großteil an bestimmten Atomen lokalisiert sind. So sprechen wir von „N-H-Bindungen" und „freien Elektronenpaaren" am Stickstoff.

Man sollte im Hinterkopf behalten, daß Bindungselektronen im allgemeinen nicht nur von zwei Atomen geteilt werden und daß nicht-bindende Elektronen nicht notwendigerweise lokalisiert sein müssen. Schließlich bewegen sich Elektronen in Molekülen, wenn man sie als Teilchen betrachtet, mit einer Geschwindigkeit zwischen 1% und 99% der Lichtgeschwindigkeit. Wie könnten sie da auf so kleine Räume beschränkt sein? Genauer gesagt, ist es die *Elektronendichte*, die lokalisiert ist. Die Elektronen selber werden mit unvorstellbarer Geschwindigkeit zwischen den Atomen ausgetauscht. Es ist jedenfalls praktisch, über Elektronen so zu sprechen, als befänden sie sich an einem bestimmten Platz, zumindest für den Anfang.

Der eigentliche Schlüssel zu den Begriffen „bindend" und „nicht-bindend" ist die Energie. Jedem Elektron (jedem Orbital) wird in diesem einfachen Modell eine bestimmte Energie im Verhältnis zu seinen Nachbarn zugedacht. Im Atom haben die Elektronen, sie sich im Durchschnitt näher am Atomkern befinden, generell eine niedrigere Energie als die Elektronen, die sich weiter vom Kern weg befinden. Die Elektronen der Atome befinden sich in kugelförmigen „Schalen". Moleküle werden dadurch gebildet, daß sich Atome die Elektronen der äußersten Schalen teilen. Diese Elektronen werden als *Valenzelektronen* und die Orbitale, in denen sie sich befinden, als *Valenzorbitale* bezeichnet. Bei den „Elektronenschalen" lautet die Bezeichnung der Orbitale mit steigender Energie s, p, d. Folglich sind Elektronen in s-Orbitalen (im Durchschnitt) energieärmer (stabiler, schwieriger zu entfernen, weniger wahrscheinlich an Bindungen beteiligt) als Elektronen in p-Orbitalen. Dieser Energieunterschied hängt von der *Abschirmung* ab. s-Elektronen verbringen *im Durchschnitt* mehr Zeit dichter am Atomkern als p-Elektronen. Deshalb erfahren s-Elektronen eine stärkere Kernanziehung und sind fester an den Kern gebunden als p-Elektronen. In Wirklichkeit schirmen die vorhandenen s-Elektronen die p-Elektronen vom Kern ab, indem sie einen Teil der Kernladung bereits „aufheben". Diese Abschirmung ist nicht vollständig wirksam, weil sich die s-Elektronen nur im Durchschnitt näher am Kern befinden als die p-Elektronen. Nichtsdestoweniger ist dieser Abschirmungseffekt, der die p-Elektronen gegenüber den s-Elektronen energetisch erhöht, signifikant.

Die meisten einfachen Moleküle, wie z. B. NH_3, kann man sich als eine Struktur mit einem Zentralatom vorstellen, das von einer kleineren Anzahl äußerer Atome umgeben ist. Das Entscheidende bei der Molekülbindung ist, daß es jeweils nur eine gewisse „Menge" s- und p-Orbital gibt, die verteilt werden kann. Die nicht-bindenden Elektronen am Zentralatom (freie Elektronenpaare) beanspruchen vermutlich mehr als ihren „gerechten Anteil" am s-Orbital des Zentralatoms, weil diese Elektronen am dringendsten vom Zentralatom selber stabilisiert werden müssen.

Für das Verständnis der Molekülstruktur ist es wichtig zu wissen, daß s-Orbitale kugelsymmetrisch sind, während p-Orbitale in bestimmte Richtungen zeigen. Tatsächlich könnte man sogar sagen, daß Moleküle nur aus dem Grunde „Strukturen" besitzen, weil die p-Orbitale bestimmte Ausrichtungen haben. Wenn die Bindungen in NH$_3$ nur durch die s-Orbitale bestimmt wären, gäbe es kaum einen Grund für die H-Atome in bestimmten Positionen zu sitzen, und das Molekül wäre nur ein schlaffer Satz von vier Atomkernen ohne genau definierte Form.

Ein weiterer Ansatz zum Verständnis der Struktur (übrigens auch zum Verständnis der Reaktivität) kleiner Moleküle mag zunächst lächerlich wirken: Wir betrachten die *nicht-bindenden* Elektronen des Zentralatoms. Sie profitieren am meisten von der Stabilisierung, entweder durch Besetzung des s-Orbitals des Zentralatoms (dies führt uns zur Struktur) oder durch Delokalisierung in andere Atome (was uns zur Reaktivität führt).

Kurz gesagt, haben wir Protonen, Neutronen und Elektronen, wobei wir die Neutronen ganz gut wieder vergessen können. Elektronen werden von Protonen angezogen und von anderen Elektronen abgestoßen. Chemiker konzentrieren sich auf die Elektronen, wenn von Bindung und Reaktivität die Rede ist, weil die Elektronen da sind, „wo was los ist". Elektronen bewegen sich tatsächlich so schnell, daß die einzige Möglichkeit, sie zu betrachten, sich auf Wahrscheinlichkeiten beschränkt. Die Bereiche, in denen wir erwarten können, Elektronen zu finden, werden als Orbitale bezeichnet.

Einige Orbitale tragen, wenn sie mit Elektronen besetzt sind, zum Zusammenhalt des Moleküls bei. Diese werden als bindende Orbitale bezeichnet. Einige Orbitale tragen zum Auseinanderbrechen des Moleküls bei (anti-bindende Orbitale) und wieder andere sind nicht besonders wichtig für den Zusammenhalt des Moleküls (nichtbindende Orbitale). Es zeigt sich, daß die nicht-bindenden Elektronen, obwohl nicht sehr wichtig für die Bindung, absolut notwendig zur Beschreibung von Struktur und Reaktivität der Moleküle sind. Und schließlich erstrecken sich einige Molekülorbitale über viele Atome (delokalisierte Orbitale), während andere sich ziemlich stark auf bestimmte Atome beschränken (freie Elektronenpaare und innere Orbitale). Wenn wir über Struktur sprechen, interessieren uns in erster Linie die Valenzelektronen. Diese haben die höchste Energie und werden am wahrscheinlichsten mit anderen Atomen geteilt.

Wir können uns alle Molekülorbitale so vorstellen, daß sie aus bestimmten Anteilen von s-, p- und manchmal d-Atomorbitalen zusammengesetzt sind. Diese Vorstellung beruht auf unserem Gebrauch der Atomorbitale als „Bauklötze" für Molekülorbitale. Es ist die jeweilige Zusammensetzung, die einem Molekülorbital Form und Energie verleiht. Es ist auch diese Zusammensetzung, über die man spricht, wenn man sich auf „sp^3"-Hybridisierung bezieht, und es ist die Zusammensetzung, besonders für das Zentralatom, die die Form des Moleküls festlegt. Um so mehr s-Charakter (höherer s-Anteil) das Molekülorbital hat, desto ausgedehnter und kugelförmiger ist es, während ein stärkerer p-Charakter für mehr Ausrichtung sorgt.

Als Faustregel gilt, isolierte Molekülsysteme streben die Form an, die ihnen die niedrigst-mögliche Gesamtenergie erlaubt. Folglich ist die Energie der wahre Schlüssel zur Struktur. Eine Erhöhung des s-Anteils führt zur Absenkung der Elektronenenergie (möglicherweise auf Kosten anderer Elektronen), während die Erhöhung des p-Anteils generell zu einem höheren Energiezustand führt.

Das Spannungsverhältnis zwischen dem bindungsfördernden p-Charakter mit höherer Energie und dem bindungshemmenden s-Charakter mit niedrigerer Energie ist für die vielen Molekülstrukturen verantwortlich, die man in der Natur findet.

1 Grundlegende Formen und Ideen

Moleküle und Ionen gibt es in vielen verschiedenen Formen. Einige sind eindimensional, wie Kohlendioxid, CO_2, andere zweidimensional, wie H_2O oder BF_3. Die große Mehrzahl ist jedoch dreidimensional. Die zwei grundlegenden dreidimensionalen Molekülformen sind die **trigonale Pyramide** und das **Tetraeder**:

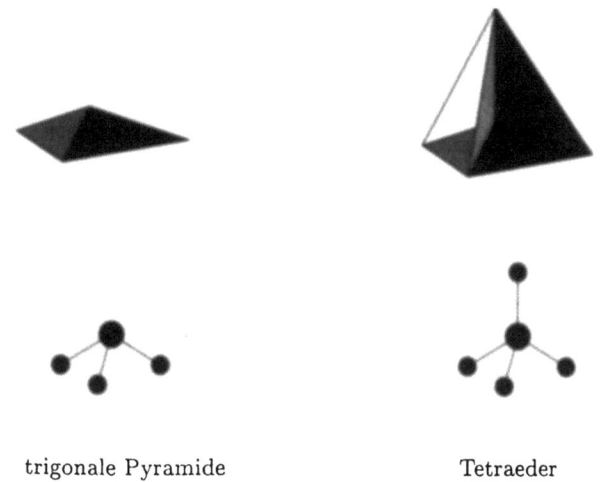

trigonale Pyramide   Tetraeder

Die trigonale Pyramide besteht aus vier Atomen, mit einem „Zentral"-Atom oberhalb einer Ebene, die aus den anderen drei gebildet wird. Im Tetraeder befindet sich ein zusätzliches Atom oberhalb der anderen vier. Es besteht also aus insgesamt fünf Atomen, einem Zentralatom und vier umgebenden Atomen. Es existieren viele weitere Molekülformen, aber diese beiden bilden einen guten Anfang. Indem wir sie vergleichen, können wir viel über Struktur und Bindungen lernen. Warum sind einige der Pyramiden steil und andere flach? Warum sind einige Tetraeder „regelmäßig" und andere nicht? Ist es möglich, einen Zusammenhang zwischen pyramidalen und tetraedrischen Formen herzustellen? Meistens gibt es einfache Antworten auf diese Fragen. Darüber nachzudenken, führt dahin zu verstehen, was eine chemische Bindung genau ist. Vor allem aber weckt das Vergleichen von Strukturen in uns ein wachsendes Verständnis für die Schönheit der Natur.

In diesem Kapitel des „*Molekül-Origami*" finden Sie Modellvorlagen für 11 trigonale Pyramiden und 21 Tetraeder. Es werden so viele Beispiele dieser zwei Formen gegeben, um Ihnen zu ermöglichen, durch Vergleiche zu lernen. Zusätzlich werden Fragen gestellt, die Sie zum Nachdenken anregen sollen, warum die Strukturen so sind, wie sie sind. Meiner Meinung nach mögliche Antworten befinden sich im Diskussionsteil hinten. Sie sind selbstverständlich auch eingeladen, die Fragen zu übergehen und einfach Spaß daran zu haben, die Modelle zu basteln. Oder Sie basteln die Modelle nicht und nutzen die Modellvorlagen als eine ausgefallene „Datensammlung", um die Fragen zu beantworten. Wie dem auch sei, Sie stellen sich sicher auch eigene Fragen und finden Antworten, je nach Ihrem individuellen Hintergrund.

1.1 Trigonale Pyramide AX$_3$E

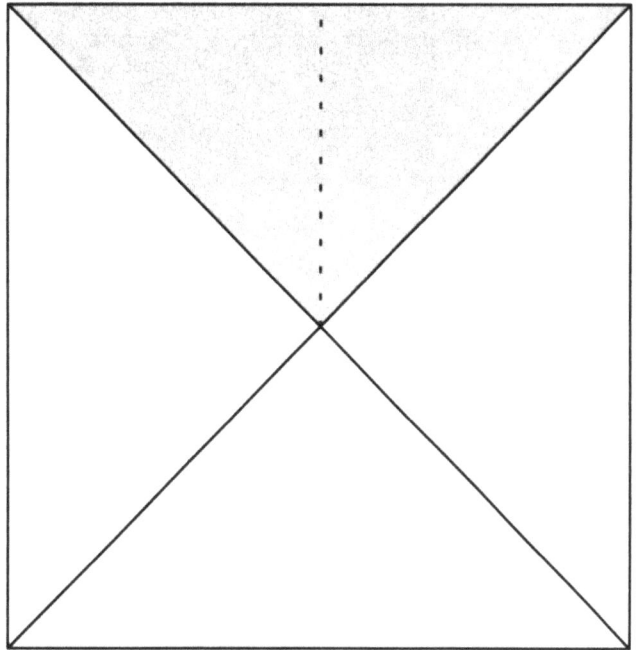

Trigonal-pyramidale Moleküle sind aus vier Atomen in Form einer dreiseitigen Pyramide aufgebaut. Das „E" in AX$_3$E steht für „ freies Elektronenpaar". Diese Moleküle haben alle ein freies Elektronenpaar, das sich hauptsächlich am Zentralatom befindet. Berechnungen zeigen, daß dieses Elektronenpaar von den drei äußeren Atomen weggerichtet ist, und führen zu der Beobachtung, daß AX$_3$E-Moleküle nicht-planar sind.

Das Modell einer idealen Pyramide kann aus jedem quadratischen Blatt Papier, ohne Vorlage, einfach durch das Falten entlang der zwei Diagonalen und das Anbringen einer senkrechten Falz von der Mitte aus angefertigt werden. Wenn die oberen zwei Ecken zusammengebracht werden, um ein einzelnes X-Atom zu ergeben, erhält das Modell die dreidimensionale Form.

Die Modelle dieser Moleküle sind aus ästhetischen Gründen jeweils mit einer zweiten Einheit verbunden. Diese zweite Einheit sorgt dafür, daß der obere und der untere Teil des Modells Abstand und Winkel bewahren. Außerdem lassen sich durch die zweite Einheit alle grauen Flächen komplett verstecken. Die X-A-X-Winkel in diesen Modellen bewegen sich zwischen 93,8° in PH$_3$ (Seite 19) und 112,2° in NH$_2$CH$_3$ (Seite 17). Teil dieser Lektion ist es zu zeigen, warum einige dieser Winkel klein und andere groß sind. Es gibt hier keine „richtigen" Antworten, sondern nur Vorschläge, die mit dem einen oder anderen theoretischen Modell zusammenhängen. Mögliche, auf der Molekülorbital-Theorie beruhende Erklärungen werden im Diskussionsteil erörtert.

Ammoniak   NH$_3$

Form: trigonal-pyramidal   Einheit: pm   Maßstab: 300.000.000 : 1

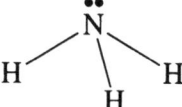   

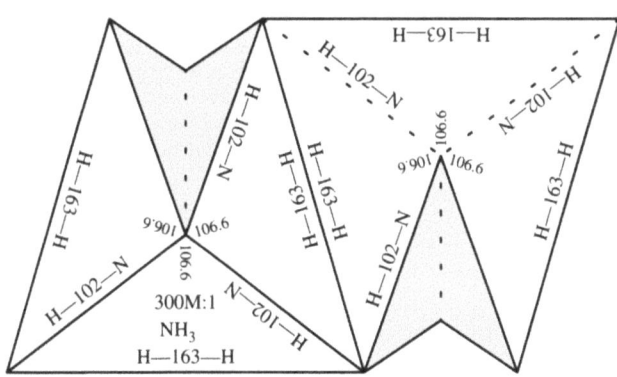

Fragen zum Nachdenken:

(a) Warum ist dieses Molekül nicht eben?

(b) Sowohl CH$_4$ als auch NH$_3$ sind jeweils aus 10 Protonen, 10 Elektronen und einigen Neutronen aufgebaut. Vergleichen Sie die Struktur von NH$_3$ mit der von CH$_4$ (Seite 31). Wie gleichen sie sich, und wie unterscheiden sie sich?

(c) Stellen Sie sich vor, CH$_4$ auf „magische" Weise in NH$_3$ zu verwandeln, indem Sie eines der Protonen, die wir auch als „H" bezeichnen, in den Kohlenstoffkern verschieben und diesen dadurch in „N" umwandeln. Wie lassen sich die strukturellen Unterschiede zwischen CH$_4$ und NH$_3$ mit dieser Umwandlung in Einklang bringen? Berücksichtigen Sie, daß Protonen Elektronen anziehen.

(d) Stellen Sie sich vor, Sie verwandeln NH$_3$ auf dieselbe magische Weise in H$_2$O. Welche Struktur würden Sie für das Wassermolekül erwarten?

(e) Ammoniak und Wasser reagieren wie folgt unter Bildung eines Ammonium-Ions (NH$_4^+$) und eines Hydroxid-Ions (OH$^-$):

$$NH_3 \;+\; H_2O \longrightarrow NH_4^+ \;+\; OH^-$$

Was würden Sie für die Struktur von NH$_4^+$ (Seite 35) voraussagen? Welche Form, Winkel und Abstände?

(f) Ammoniak und Bortrifluorid (BF$_3$, welches eben ist) reagieren unter Bildung von BF$_3$·NH$_3$. Welche Form nehmen Sie für BF$_3$·NH$_3$ (Seite 41) an?

Stickstofftrifluorid NF₃

Form: trigonal-pyramidal Einheit: pm Maßstab: 300.000.000 : 1

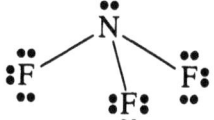

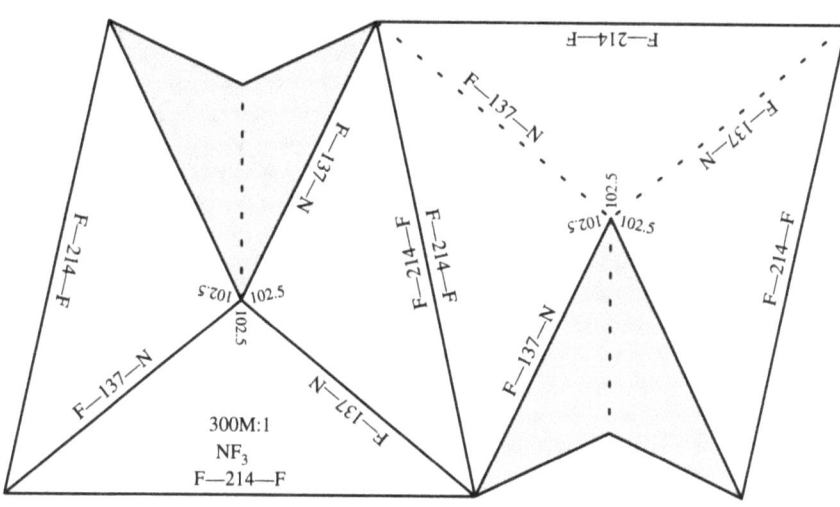

Fragen zum Nachdenken:

(a) Wie sieht die Struktur von NF₃ im Vergleich zu der von NH₃ (Seite 11) aus?

(b) Vergleichen Sie diese Struktur mit der von BF₃, die im selben Maßstab rechts dargestellt ist. Was für Unterschiede gibt es?

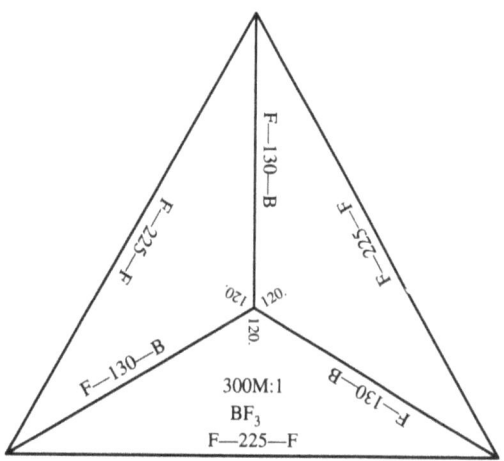

(c) Was würden Sie für die Abstände und Winkel in CHF₃ (Seite 57) voraussagen?

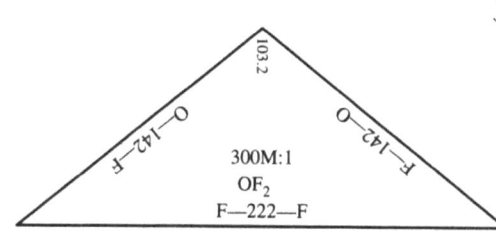

(d) In CF₄ (Seite 33) betragen alle C-F-Abstände 132 pm und alle Winkel 109,5°. Die Struktur von OF₂ ist links zu sehen. Zeichnet sich hier ebenfalls ein Trend ab, wie er für die Reihe CH₄, NH₃, H₂O beobachtet wird?

1 Grundlegende Formen

Stickstofftrichlorid NCl₃

Form: trigonal-pyramidal   Einheit: pm   Maßstab: 300.000.000 : 1

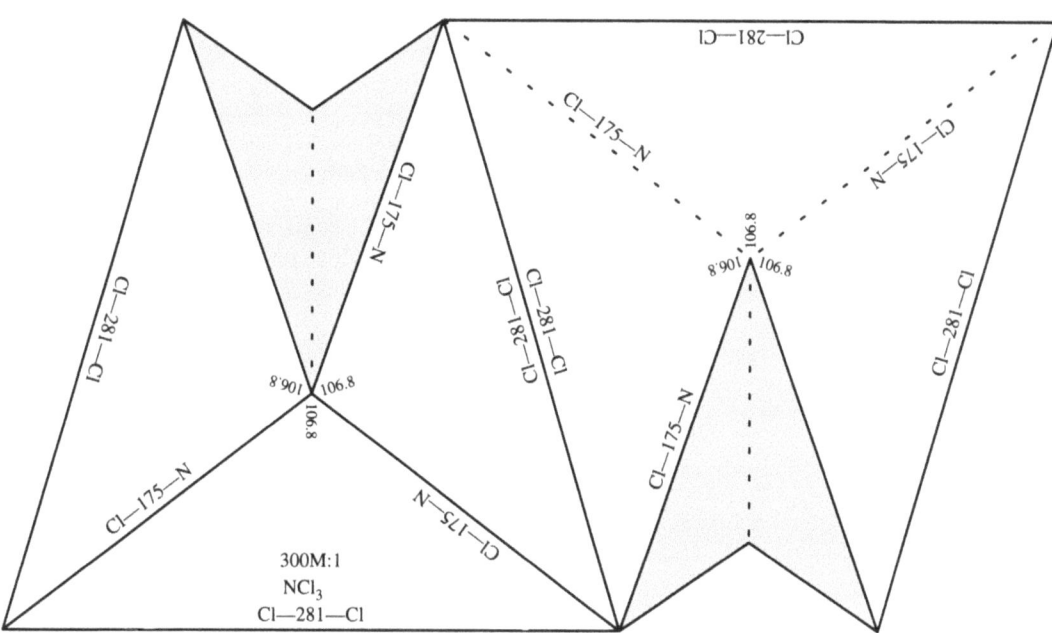

Fragen zum Nachdenken:

(a) Wo liegen die Hauptunterschiede zwischen dieser Struktur und der von NH₃ (Seite 11) bzw. von NF₃ (Seite 13)?

(b) Warum sind die Abstände in NCl₃ so viel größer als die in NF₃?

(c) Warum hat NCl₃ annähernd die gleichen Winkel wie NH₃?

(d) Was sagen Sie für die Struktur von CHCl₃ (Seite 59) voraus?

(e) Rechts sehen Sie die Struktur von OCl₂. Vergleichen Sie diese Struktur mit der von NCl₃, und machen Sie eine Voraussage für die Bindungsabstände in CCl₄.

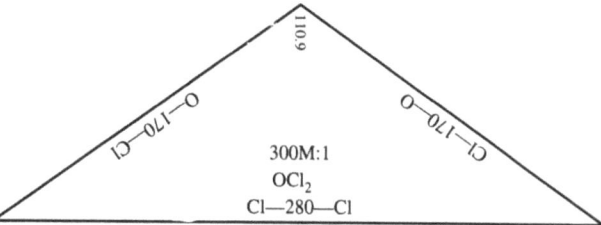

1 Grundlegende Formen

Methylamin (N) NH_2CH_3
Difluoramin NHF_2

Form: trigonal-pyramidal   Einheit: pm   Maßstab: 300.000.000 : 1

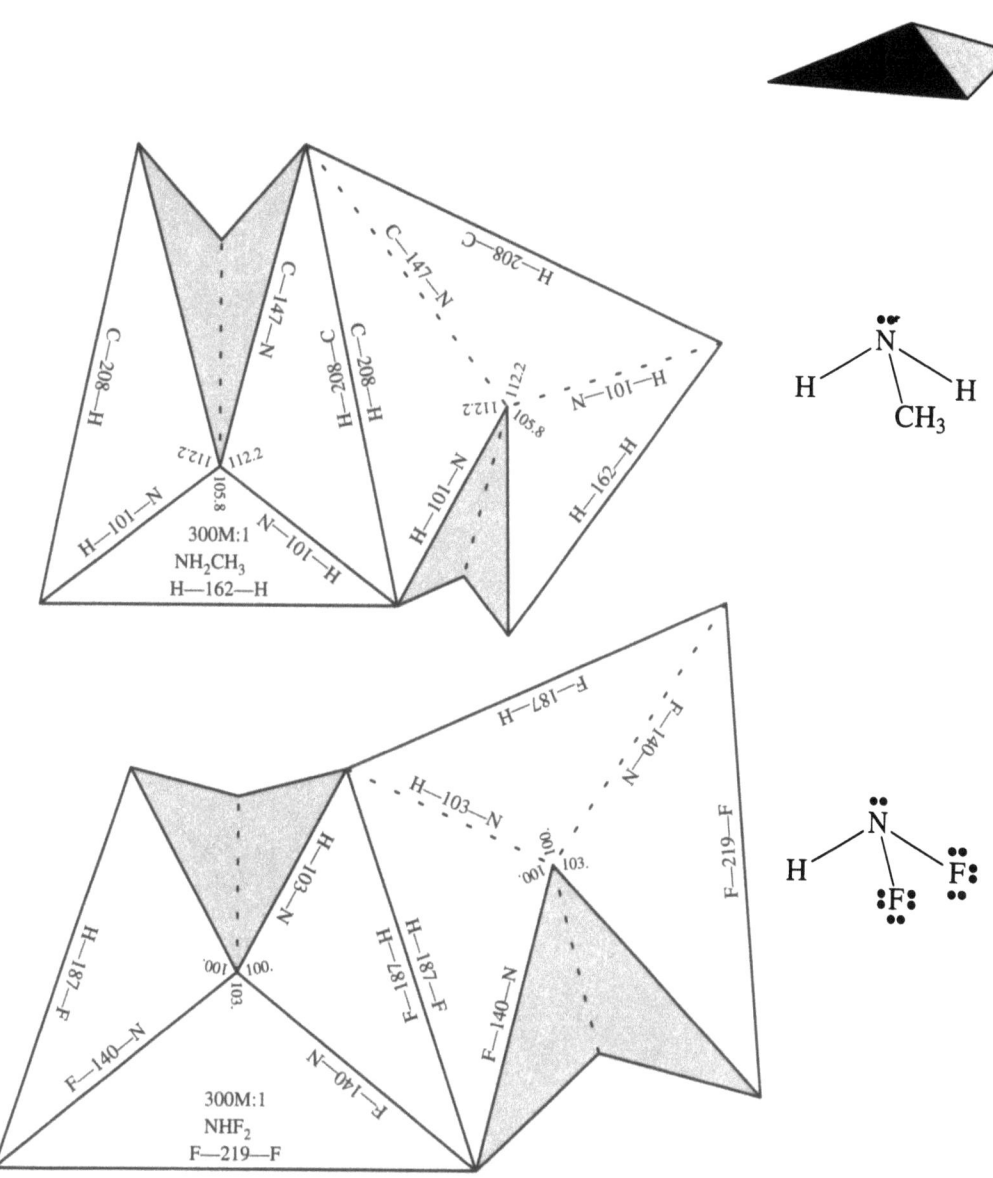

Anmerkung: Den zweiten Teil des Methylamins finden Sie auf Seite 53.

Fragen zum Nachdenken:

(a) Wie unterscheiden sich die Strukturen von NH_2CH_3 und NH_3 (Seite 11)? Können Sie die Unterschiede erklären?

(b) Vergleichen Sie die Struktur von NHF_2 mit der von OF_2 (Seite 13). Wie kann man die Unterschiede beim X-F-Abstand erklären?

(c) Stellen Sie sich vor, bei jedem dieser Moleküle ein Proton aus dem N „herauszuziehen" und auf diese Weise CH_3CH_3 (Seite 49) und CH_2F_2 zu erzeugen. Welche Voraussagen machen Sie für die Strukturen von CH_3CH_3 und CH_2F_2?

1 Grundlegende Formen

Phosphin   PH₃

Form: trigonal-pyramidal   Einheit: pm   Maßstab: 300.000.000 : 1

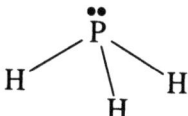

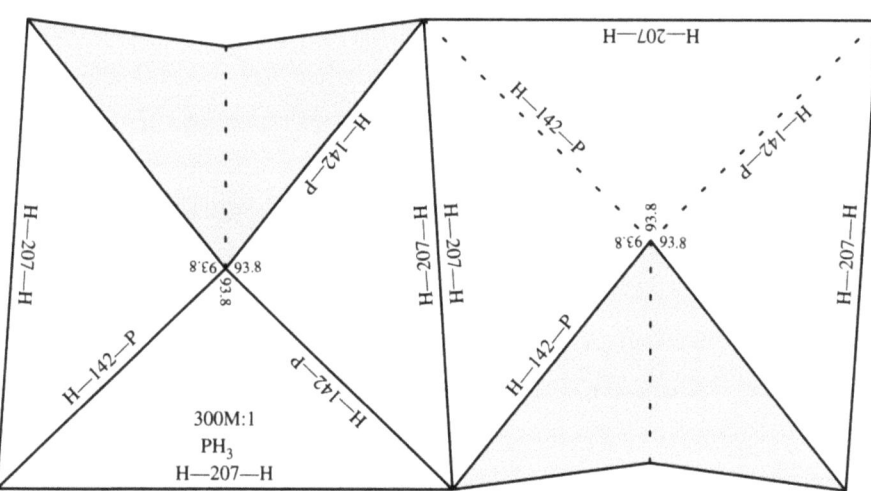

Fragen zum Nachdenken:

(a) Phosphor steht im Periodensystem direkt unter Stickstoff. Vergleichen Sie die Struktur von PH₃ bezüglich Form, Bindungslänge und -winkel mit der von NH₃?

(b) Was haben Winkel von annähernd 90° in einer Molekülstruktur zu bedeuten?

(c) Hier wird die Struktur von H₂S im gleichen Maßstab gezeigt. Wie erklären Sie die Strukturunterschiede zwischen H₂S und PH₃?

(d) Was erwarten Sie für die Form, Bindungslängen und -winkel von SiH₄ (Seite 61)?

(e) Warum ist PH₃ weniger basisch als NH₃?

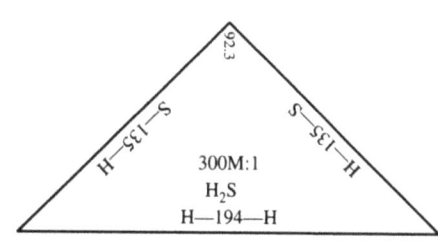

1 Grundlegende Formen

Phosphortrifluorid PF₃

Form: trigonal-pyramidal   Einheit: pm   Maßstab: 300.000.000 : 1

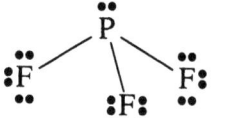

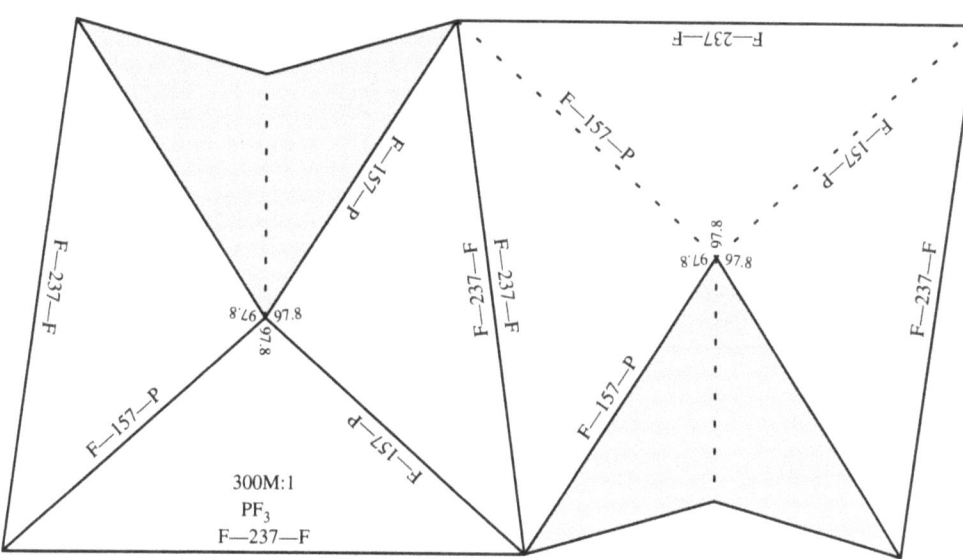

Fragen zum Nachdenken:

(a) NF$_3$ hat kleinere Winkel als NH$_3$. Warum sind die Winkel in PF$_3$ *größer* als die in PH$_3$ (Seite 19)?

(b) Warum sind die Winkel in PF$_3$ kleiner als die in NF$_3$ (Seite 13)?

(c) Vergleichen Sie diese Struktur mit der des Oxidationsproduktes, POF$_3$ (Seite 65). Wie erklären Sie die Unterschiede?

(d) Worin besteht der Zusammenhang zwischen der „Oxidation", wie sie hier diskutiert wird, und der Oxidation von Fe^{2+} zu Fe^{3+}?

(e) Was sagen Sie für die Struktur von SiHF$_3$ voraus?

(f) Rechts ist die Struktur von SF$_2$, einem extrem instabilen Molekül, dargestellt. Welche Entwicklung zeichnet sich für die Winkel und Abstände der Fluoride entlang der dritten Periode ab, wenn Sie die Strukturen von SF$_2$ und PF$_3$ mit der von SiF$_4$ vergleichen? Ist hier dieselbe Entwicklung zu beobachten wie für die Reihe CF$_4$ (Seite 33), NF$_3$ (Seite 13) und OF$_2$ (Seite 183)?

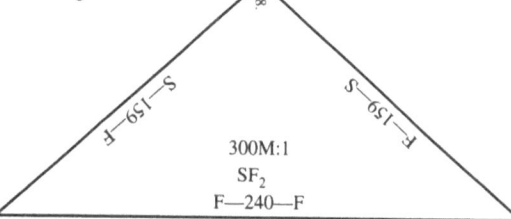

1 Grundlegende Formen   21

Phosphortrichlorid PCl₃

Form: trigonal-pyramidal Einheit: pm Maßstab: 300.000.000 : 1

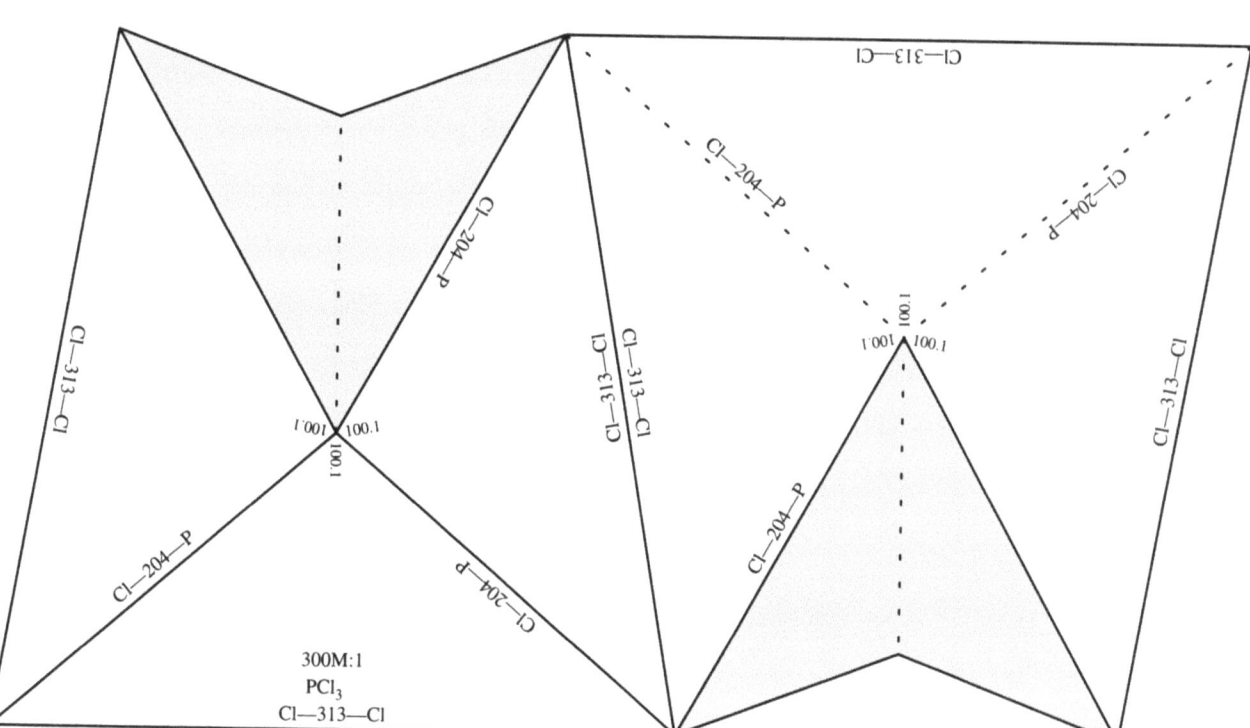

Fragen zum Nachdenken:

(a) Vergleichen Sie die Abstände in PCl₃ mit denen in PF₃ (P-F 157 pm) und PBr₃ (P-Br 220 pm). Erscheinen die Abstände in PCl₃ vernünftig?

(b) Vergleichen Sie diese Struktur mit der von NCl₃ (Seite 15)?

(c) Rechts ist die Struktur von SCl₂ abgebildet. Was können wir aus dem Vergleich der Strukturen von SiCl₄ (Si-Cl 201 pm), PCl₃ und SCl₂ lernen?

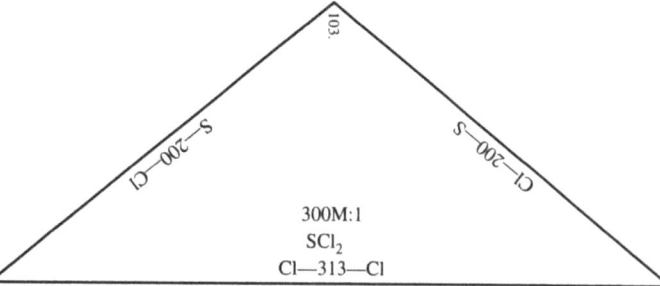

(d) Was würden Sie für die Struktur von POCl₃ erwarten?

(e) Was würden Sie für die Struktur von SiHCl₃ erwarten?

1 Grundlegende Formen

Difluorphosphan   PHF$_2$

Form: trigonal-pyramidal   Einheit: pm   Maßstab: 300.000.000 : 1

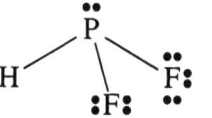

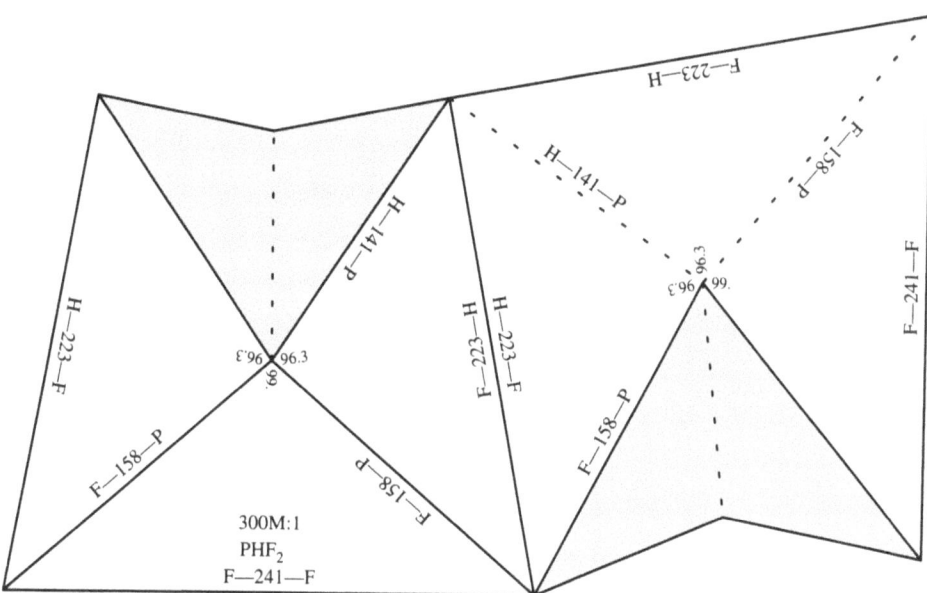

Fragen zum Nachdenken:

(a) Welcher Zusammenhang besteht zwischen PHF$_2$ und SF$_2$ bezüglich der Protonen und Elektronen?

(b) Rechts ist die Struktur von SF$_2$ abgebildet. Sind die sehr geringen Strukturunterschiede zwischen PHF$_2$ und SF$_2$ plausibel?

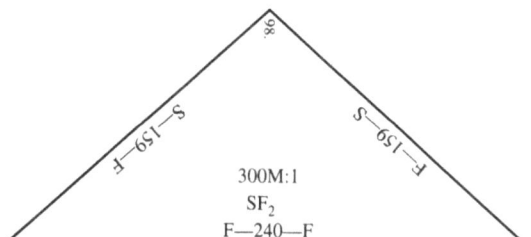

(c) Stellen Sie sich vor, Sie fügen dem Phosphor ein Sauerstoffatom hinzu, um HPOF$_2$ zu erhalten. Was für eine Struktur würden Sie erwarten?

(d) Phosphor steht im Periodensystem direkt unter Stickstoff. Welcher Zusammenhang besteht zwischen den Strukturen von NHF$_2$ (Seite 17) und PHF$_2$?

Iodat-Ion (in NH₄IO₃)   IO₃⁻
Xenontrioxid   XeO₃

Form: trigonal-pyramidal   Einheit: pm   Maßstab: 300.000.000 : 1

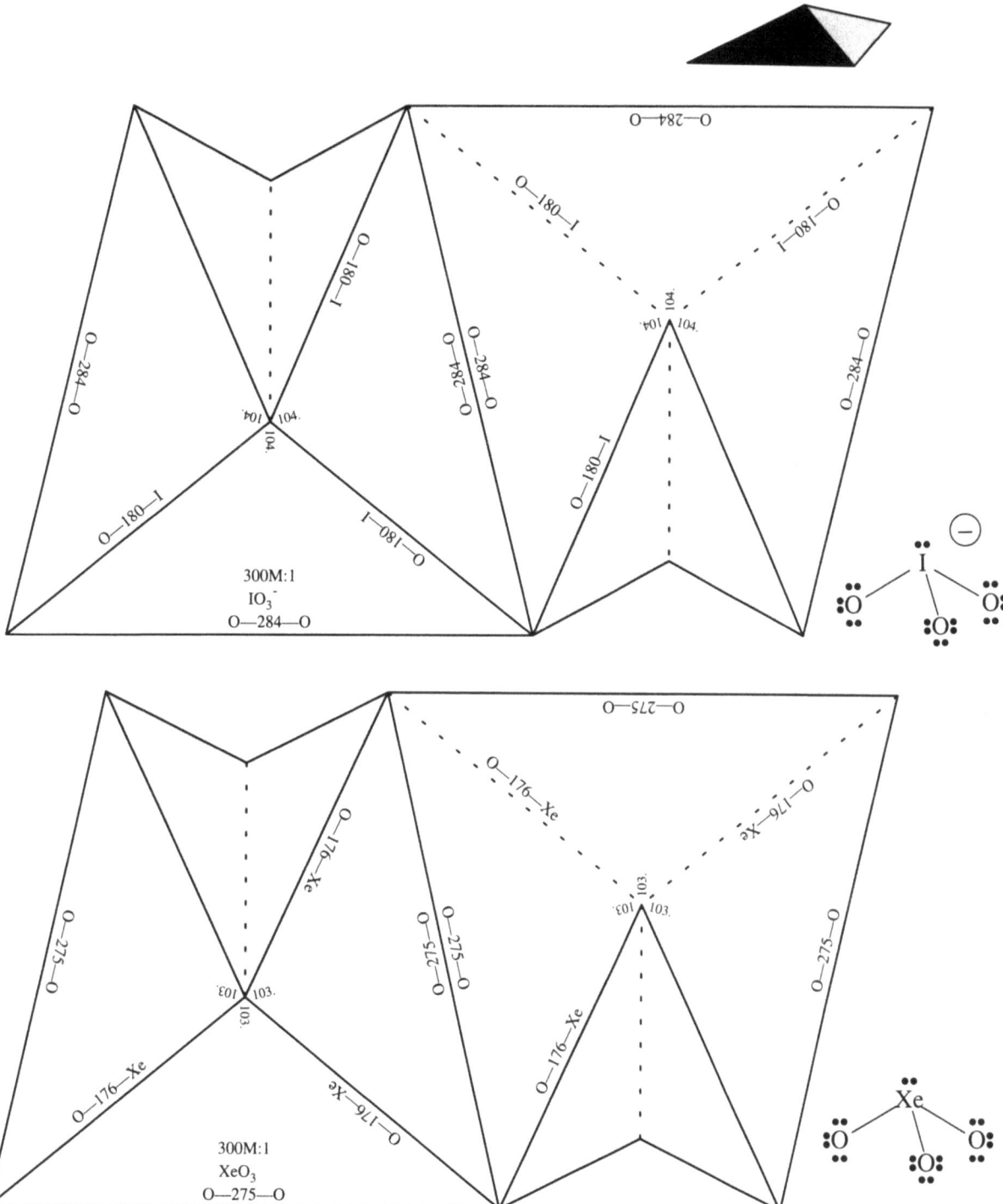

Fragen zum Nachdenken:

(a) Warum sind sich die Strukturen von IO₃⁻ und XeO₃ so ähnlich?

(b) Warum sind die Abstände in IO₃⁻ größer als die in XeO₃?

1 Grundlegende Formen

1.2 Tetraeder $\qquad$ AX_4

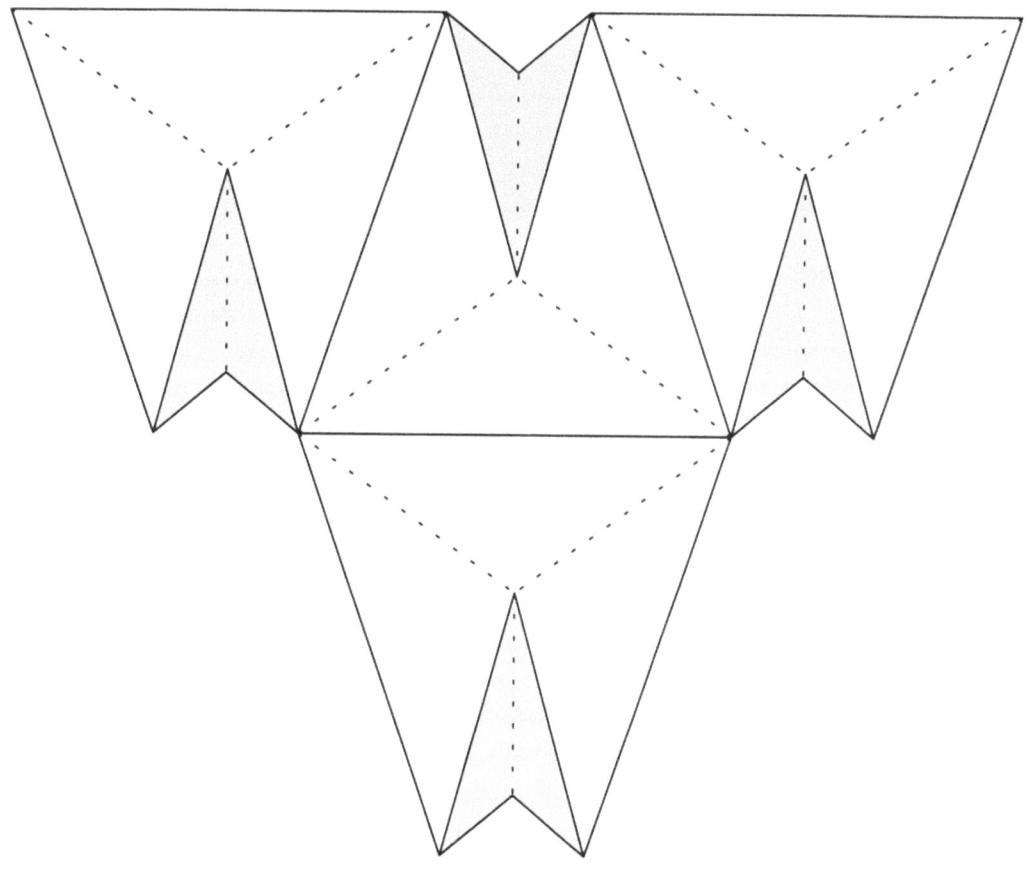

Tetraedrische Moleküle bestehen aus vier äußeren Atomen, die um ein Zentralatom angeordnet sind. Das Grundmodell des Tetraeders besteht aus vier Flächen, die, wie in der Einleitung gezeigt, aneinander treffen und so seine Grundfläche und die drei Seiten bilden.

Die X-A-X-Winkel im idealisierten Modell, wie es oben und rechts gezeigt ist, betragen alle 109,47°. In Wirklichkeit variieren diese Winkel beträchtlich, von 101,3° in POF$_3$ (Seite 65) bis 119° in H$_2$SO$_4$ (Seite 71). Ein Teil dieser Variation kann auf einfache Weise, z. B. durch im Kristallgitter wirksame Kräfte erklärt werden, die dazu beitragen, die „natürliche" Form eines Moleküls zu verzerren.

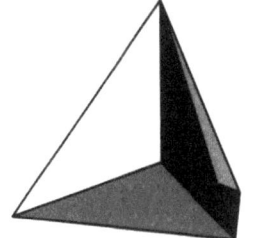

In jedem Fall kann es Spaß machen, die Unterschiede in verwandten Molekülen zu betrachten, besonders im Vergleich zu den AX$_3$E-Molekülen weiter vorne im Kapitel.

1 Grundlegende Formen

Methan CH$_4$

Form: tetraedrisch   Einheit: pm   Maßstab: 300.000.000 : 1

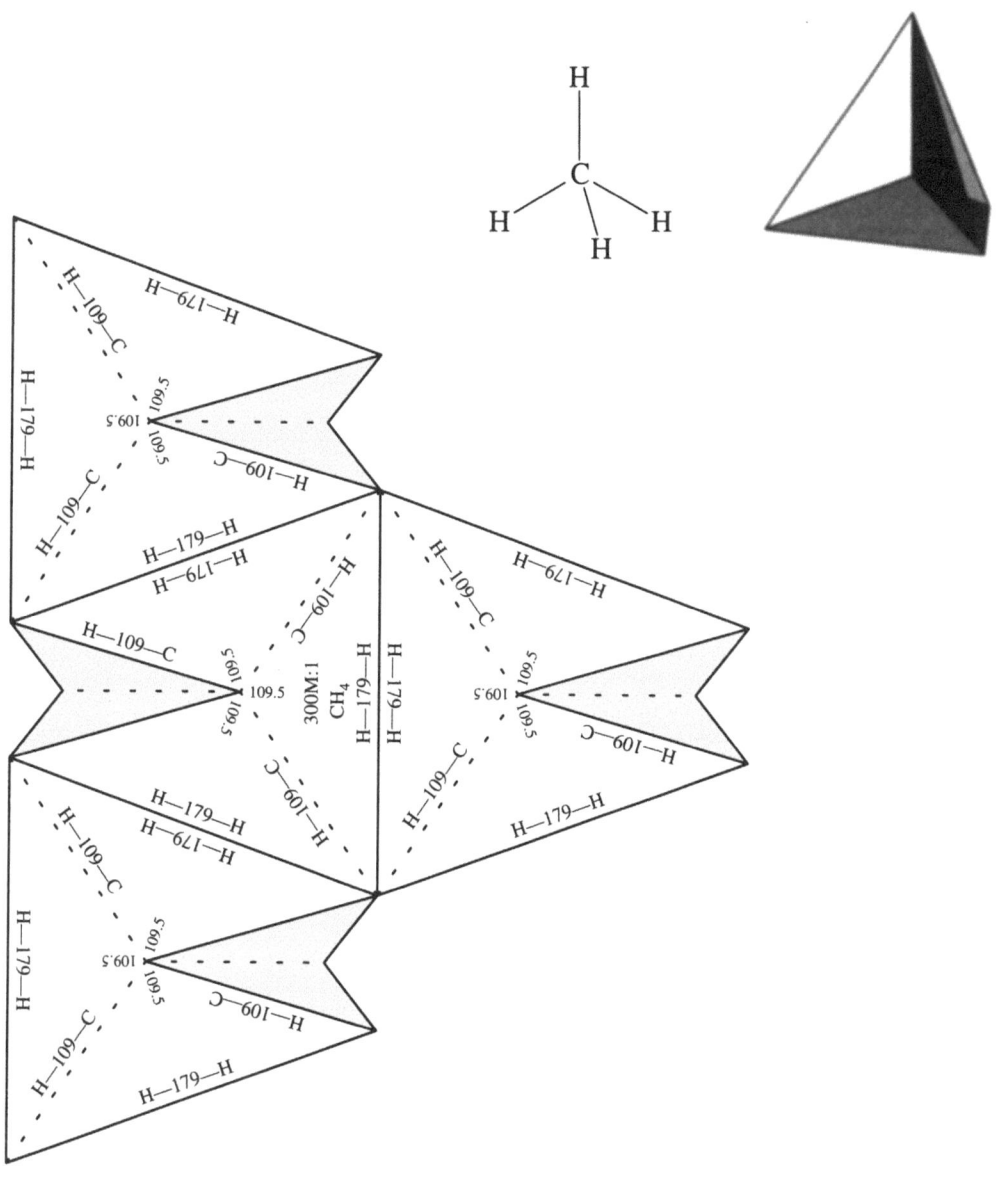

Fragen zum Nachdenken:

(a) Vergleichen Sie die Struktur von CH$_4$ mit der von NH$_4^+$ (Seite 35) und BH$_4^-$ (Seite 37), die beide ebenfalls über 10 Elektronen verfügen. Wie erklären Sie die Größenunterschiede?

(b) In allen einfachen Derivaten des Methans variiert der X-C-Y-Winkel von 109,47° um nie mehr als wenige Grad. Was ist so besonders an dem Winkel von 109,47°?

(c) Methan ist das klassische tetraedrische Molekül mit „vier äquivalenten Bindungen". Aber sind diese wirklich äquivalent? Experimente deuten darauf hin, daß sie es nicht sind, obwohl die *Verbindungen* zwischen den C- und H-Atomen identisch sind. Wie kann das sein?

Tetrafluormethan   CF$_4$

Form: tetraedrisch   Einheit: pm   Maßstab: 300.000.000 : 1

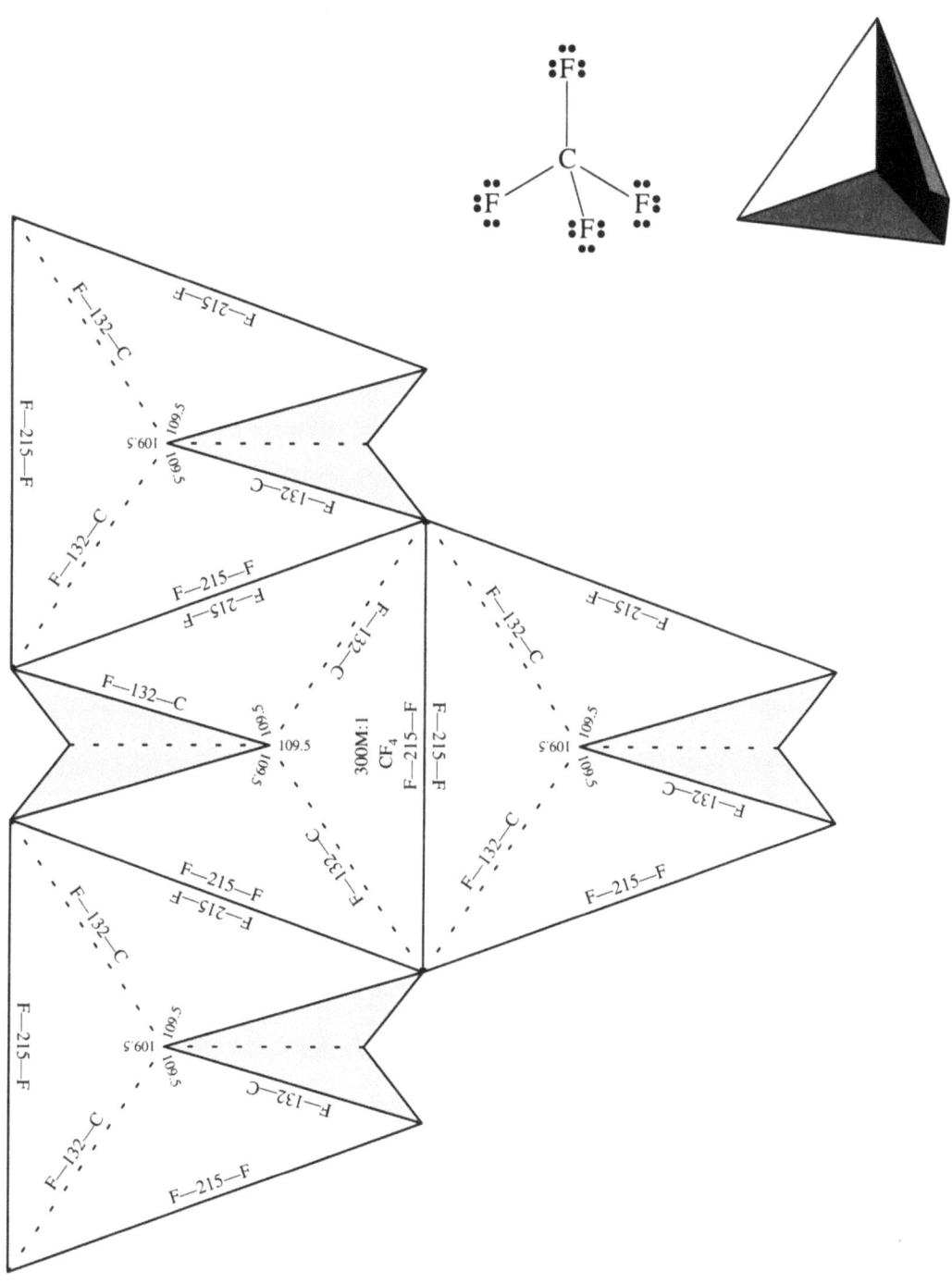

Fragen zum Nachdenken:

(a) Vergleichen Sie diese Struktur mit der von CH$_4$ (Seite 31).

(b) Was würden Sie für die Strukturen von BF$_4^-$ (Seite 39) und BeF$_4^{2-}$ vorhersagen?

1 Grundlegende Formen

Ammonium-Ion (in NH₄Br) $\quad$ NH$_4^+$

Form: tetraedrisch $\qquad$ Einheit: pm $\qquad$ Maßstab: 300.000.000 : 1

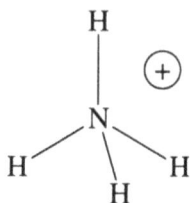
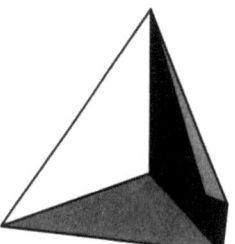

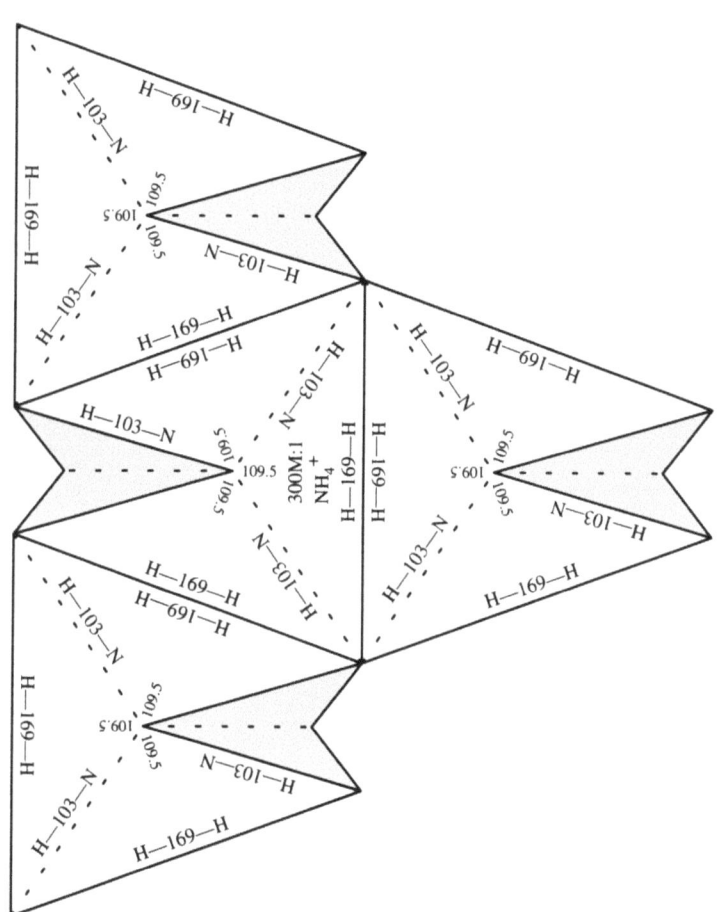

Frage zum Nachdenken:

Das Ammonium-Ion ist als schwache Säure extrem wichtig, mit ihr stellt sich schnell folgendes Gleichgewicht ein:

$$NH_4^+ + H_2O \rightleftharpoons H_3O^+ + NH_3$$

Welches ist die schwächere Säure, H$_3$O$^+$ oder NH$_4^+$? Das heißt, welche hält ihr Proton stärker fest und warum?

1 Grundlegende Formen

Tetrahydroborat-Ion (in NaBH$_4$) $\qquad$ BH$_4^-$

Form: tetraedrisch $\qquad$ Einheit: pm $\qquad$ Maßstab: 300.000.000 : 1

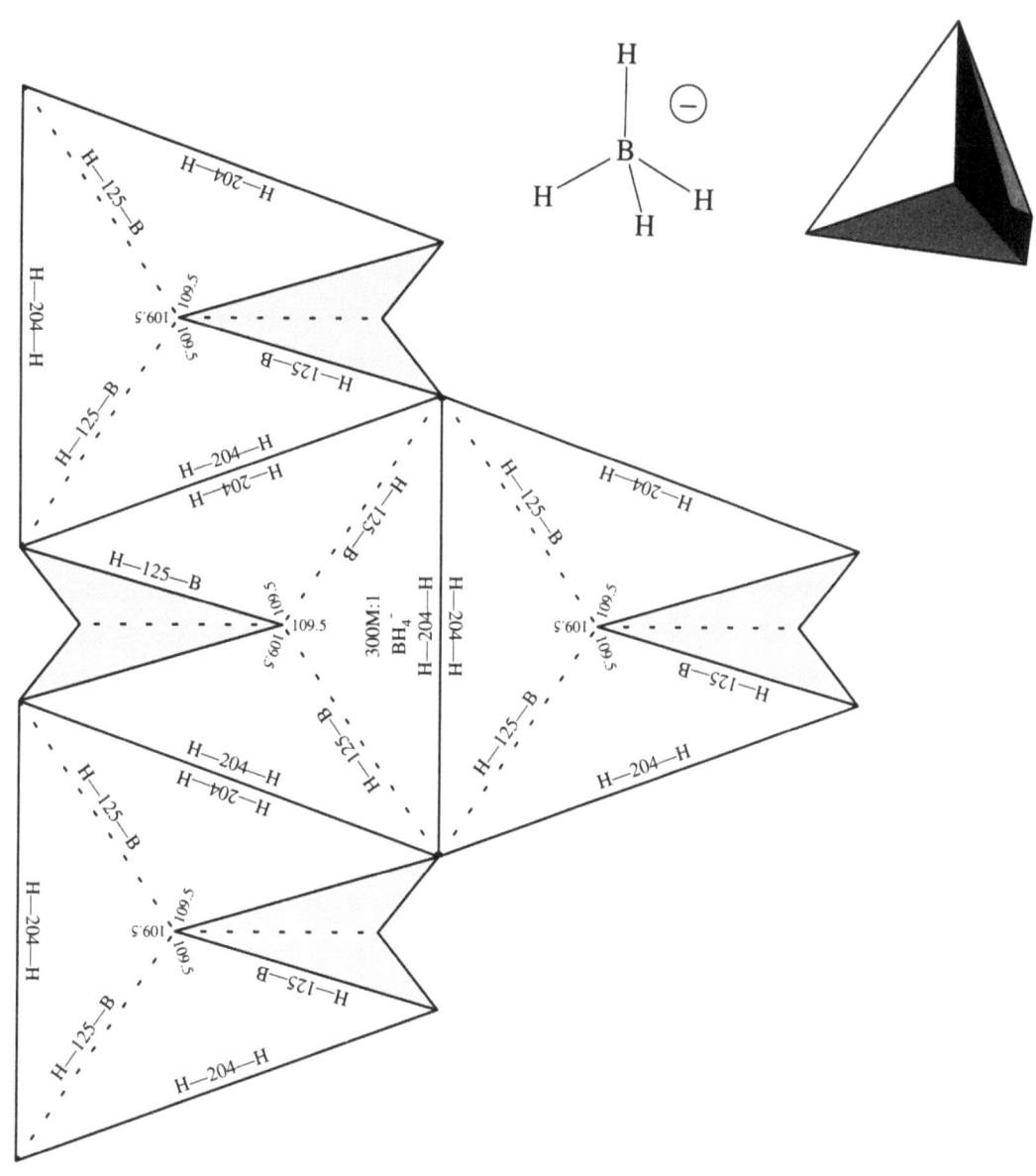

Fragen zum Nachdenken:

(a) Wie erklären Sie die Beobachtung, daß BH$_4^-$ so viel größer als CH$_4$ (Seite 31) ist?

(b) „H$^-$" wird als Hydrid bezeichnet und wird von zwei Elektronen und einem Proton gebildet. BH$_4^-$ wird als „Hydrid-Quelle" betrachtet, weil es in vielen Reaktionen unter Übertragung eines H$^-$ auf andere Moleküle als Hydridspender fungiert:

$$\text{BH}_4^- + \text{X} \longrightarrow \text{„BH}_3\text{"} + \text{HX}^-$$

„BH$_3$" existiert, ebenso wie „H$^-$", in dieser Form nicht. Was manchmal als BH$_3$ bezeichnet wird, ist in Wirklichkeit B$_2$H$_6$ (Seite 143). Warum sind H$^-$ und BH$_3$ so reaktiv, daß sie in freier Form nicht existieren?

1 Grundlegende Formen

Fluoroborat-Ion (in NaBH$_4$) $\qquad$ BF$_4^-$

Form: tetraedrisch $\qquad$ Einheit: pm $\qquad$ Maßstab: 300.000.000 : 1

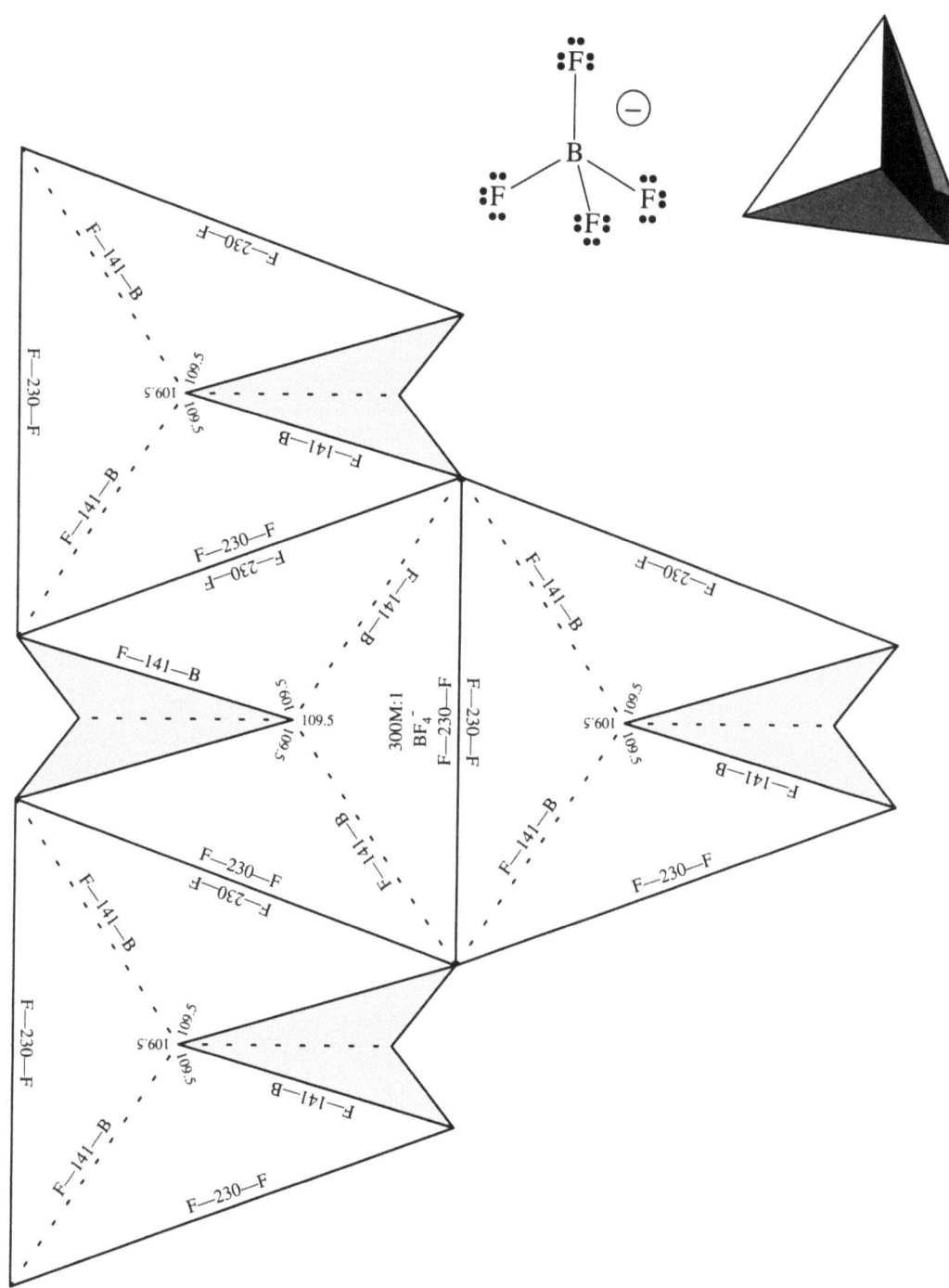

Fragen zum Nachdenken:

(a) Warum ist BF$_4^-$ so viel größer als BH$_4^-$ (Seite 37)?

(b) Warum ist BF$_4^-$ so viel kleiner als BeF$_4^{2-}$ (Be-F 157 pm)?

(c) Vergleichen Sie die Struktur von BF$_4^-$ mit der von BF$_3$ (Seite 13). Wie erklären Sie die Unterschiede?

1 Grundlegende Formen

Bortrifluorid-Ammoniak-Addukt   BF$_3$·NH$_3$

Form: tetraedrisch   Einheit: pm   Maßstab: 300.000.000 : 1

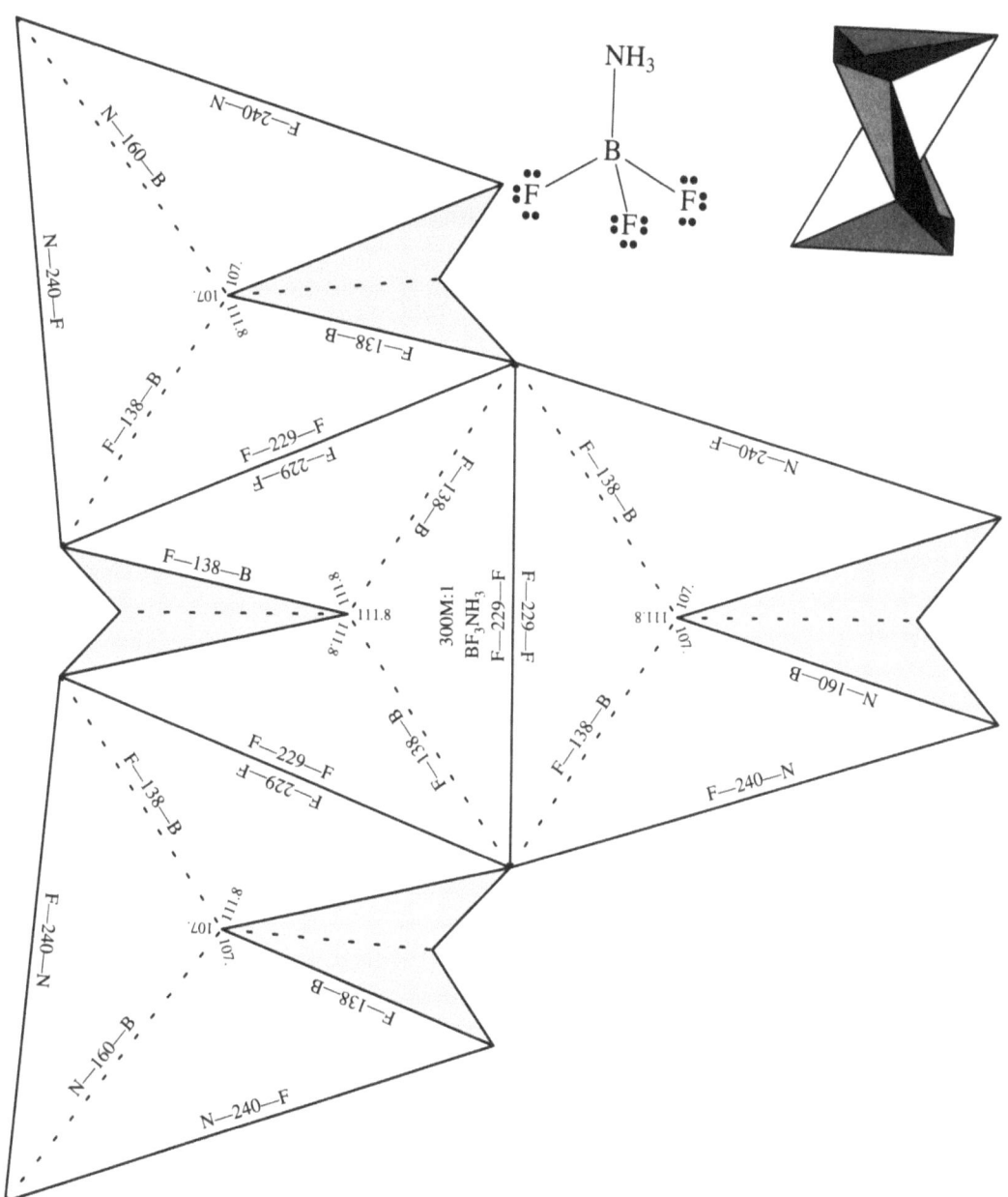

Fragen zum Nachdenken:

(a) *Lewis-Basen* fungieren bei einer Reaktion als Elektronenpaar-Donatoren, *Lewis-Säuren* als Elektronenpaar-Akzeptoren. Dieses Addukt ist das klassische Beispiel für das Ergebnis einer Lewis-Säure/Base-Reaktion. Welches war die Lewis-Säure und welches die Lewis-Base?

(b) Die N-H-Abstände wurden nicht genau bestimmt. Würden Sie erwarten, daß sie größer oder kleiner sind als die N-H-Abstände in NH$_3$?

(c) Im Vergleich zu BF$_3$ (Seite 13) sind die B-F-Abstände in BF$_3$·NH$_3$ signifikant länger. Warum?

1 Grundlegende Formen   41

Boran-Phosphortrifluorid-Addukt (B) $BH_3 \cdot PF_3$

Form: tetraedrisch   Einheit: pm   Maßstab: 300.000.000 : 1

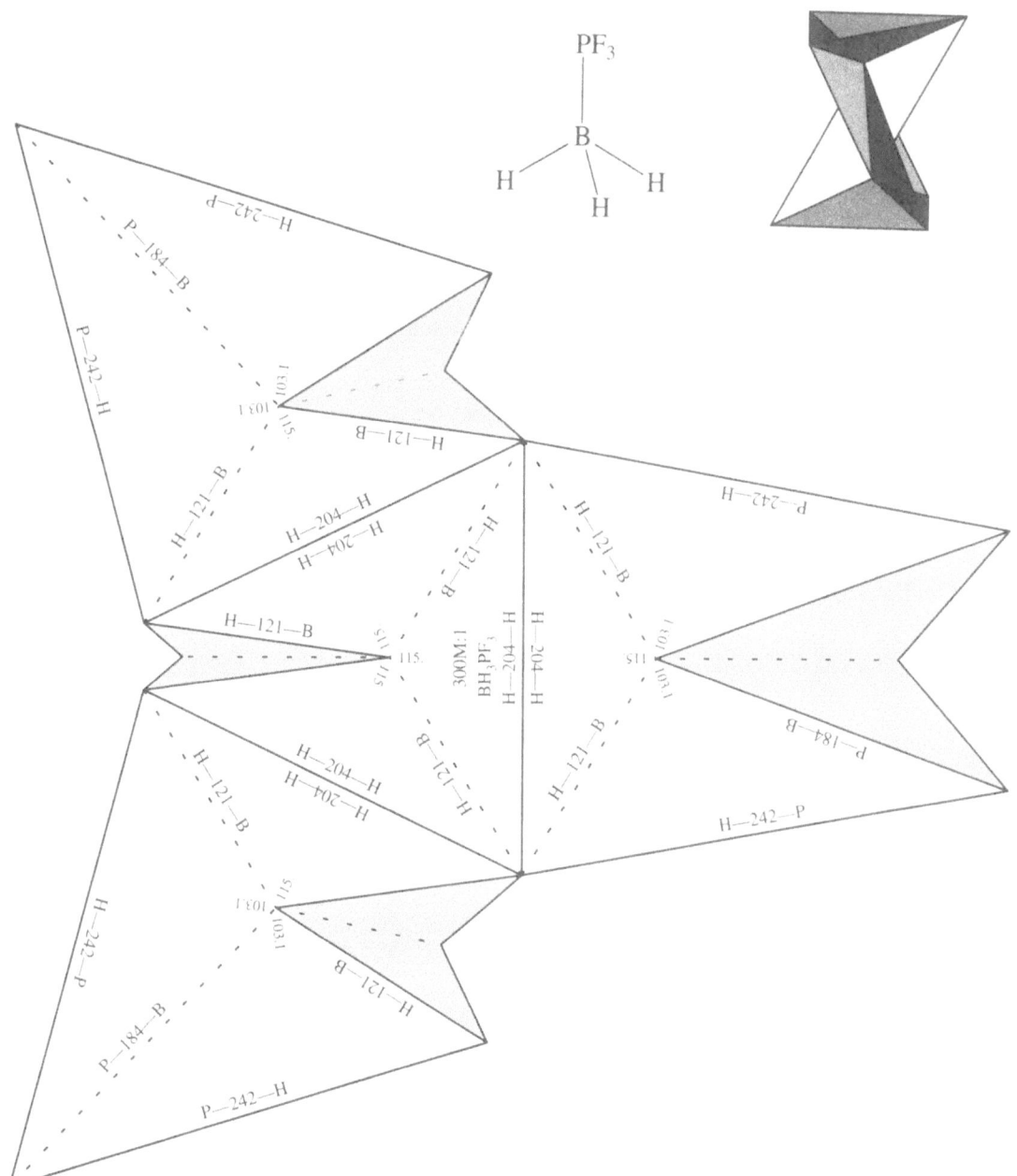

Anmerkung: Den zweiten Teil des $BH_3 \cdot PF_3$-Adduktes finden Sie auf Seite 45. Beide Teile können verkettet werden, um das Gesamtmolekül zu bilden.

Fragen zum Nachdenken:

(a) Obwohl BH_3 in freier Form nicht existiert, ist dies ein Beispiel für einen seiner stabilen Komplexe. Können Sie eine Reaktionsgleichung zur Bildung aus B_2H_6 und PF_3 formulieren?

(b) In der analogen Struktur, $CH_3\text{-}SiF_3$, beträgt der C-Si-Abstand 188 pm. Wie erklären Sie den geringeren Abstand von 184 pm für B-P in $BH_3 \cdot PF_3$?

1 Grundlegende Formen

Boran-Phosphortrifluorid-Addukt (P) $BH_3 \cdot PF_3$

Form: tetraedrisch   Einheit: pm   Maßstab: 300.000.000 : 1

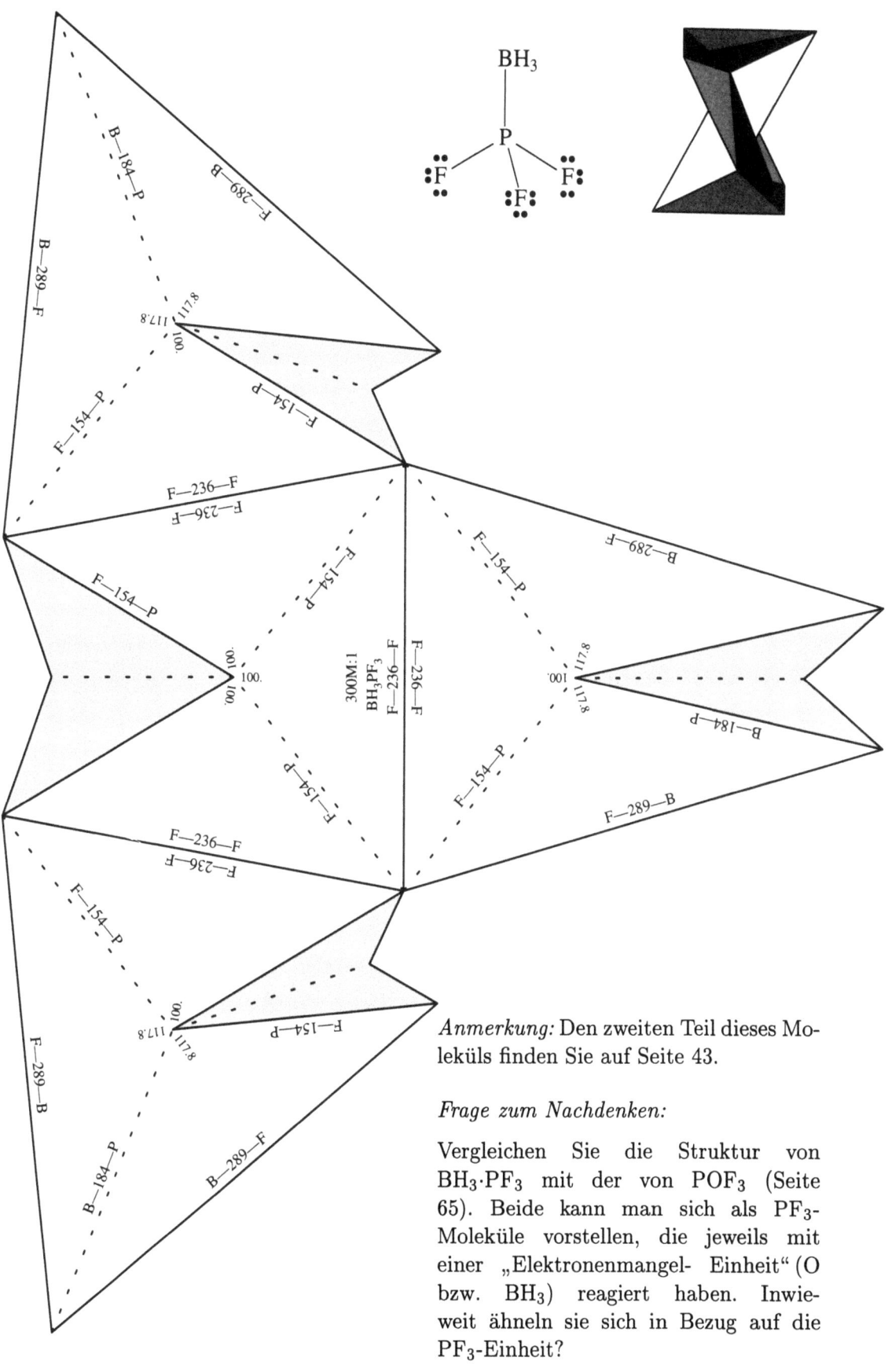

Anmerkung: Den zweiten Teil dieses Moleküls finden Sie auf Seite 43.

Frage zum Nachdenken:

Vergleichen Sie die Struktur von $BH_3 \cdot PF_3$ mit der von POF_3 (Seite 65). Beide kann man sich als PF_3-Moleküle vorstellen, die jeweils mit einer „Elektronenmangel- Einheit" (O bzw. BH_3) reagiert haben. Inwieweit ähneln sie sich in Bezug auf die PF_3-Einheit?

1 Grundlegende Formen   45

Boran-Kohlenmonoxid-Addukt BH₃·CO

Form: tetraedrisch Einheit: pm Maßstab: 300.000.000 : 1

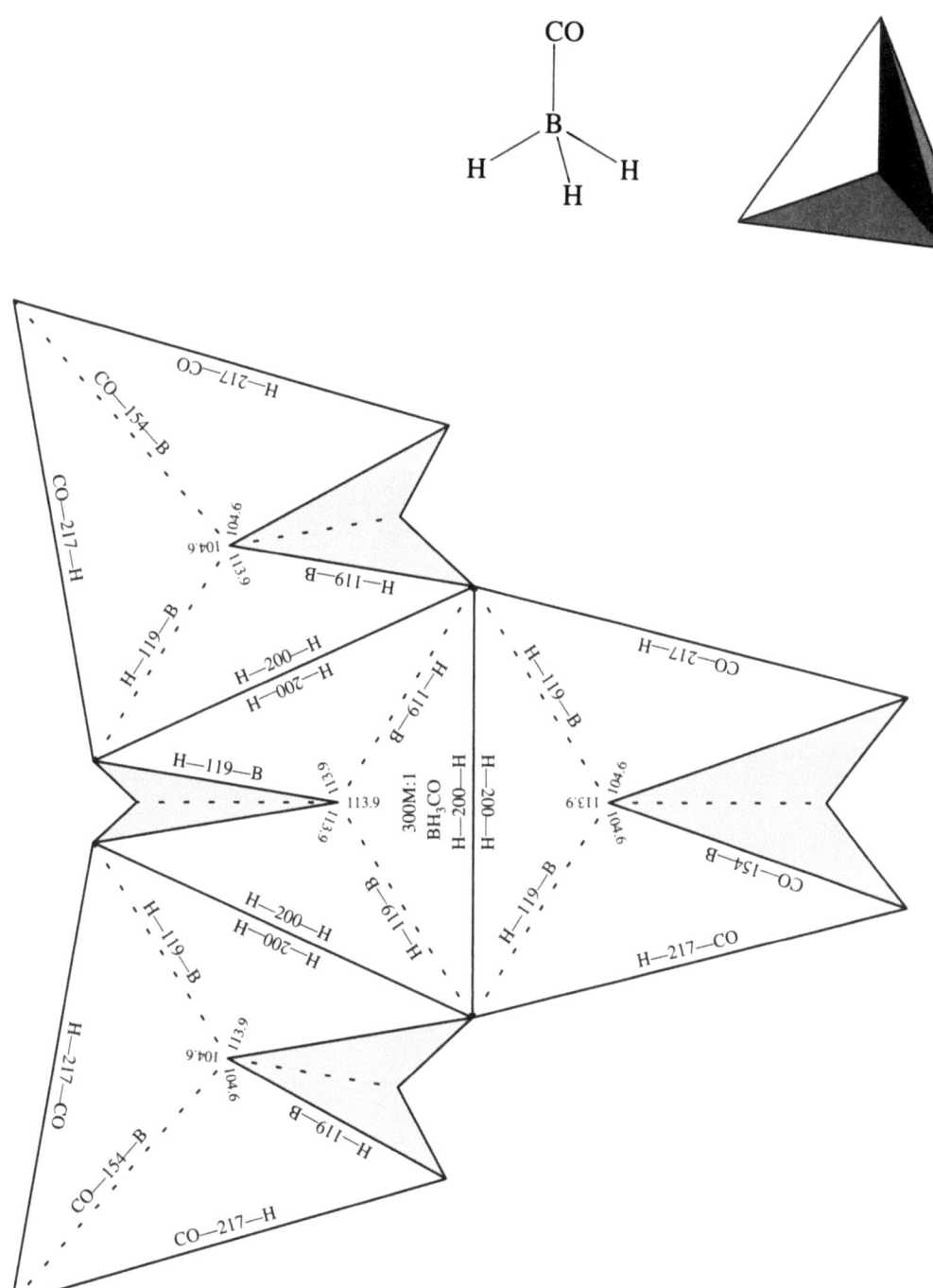

Fragen zum Nachdenken:

(a) Sollten die B-H-Abstände im hypothetischen BH₃-Molekül größer oder kleiner sein als die B-H-Abstände in BH₃·CO?

(b) Der C-O-Abstand in BH₃·CO beträgt 113 pm. Dies ist exakt der Abstand in Kohlenmonoxid selber. Wie kommt es dazu?

Ethan   CH₃CH₃

Form: tetraedrisch   Einheit: pm   Maßstab: 300.000.000 : 1

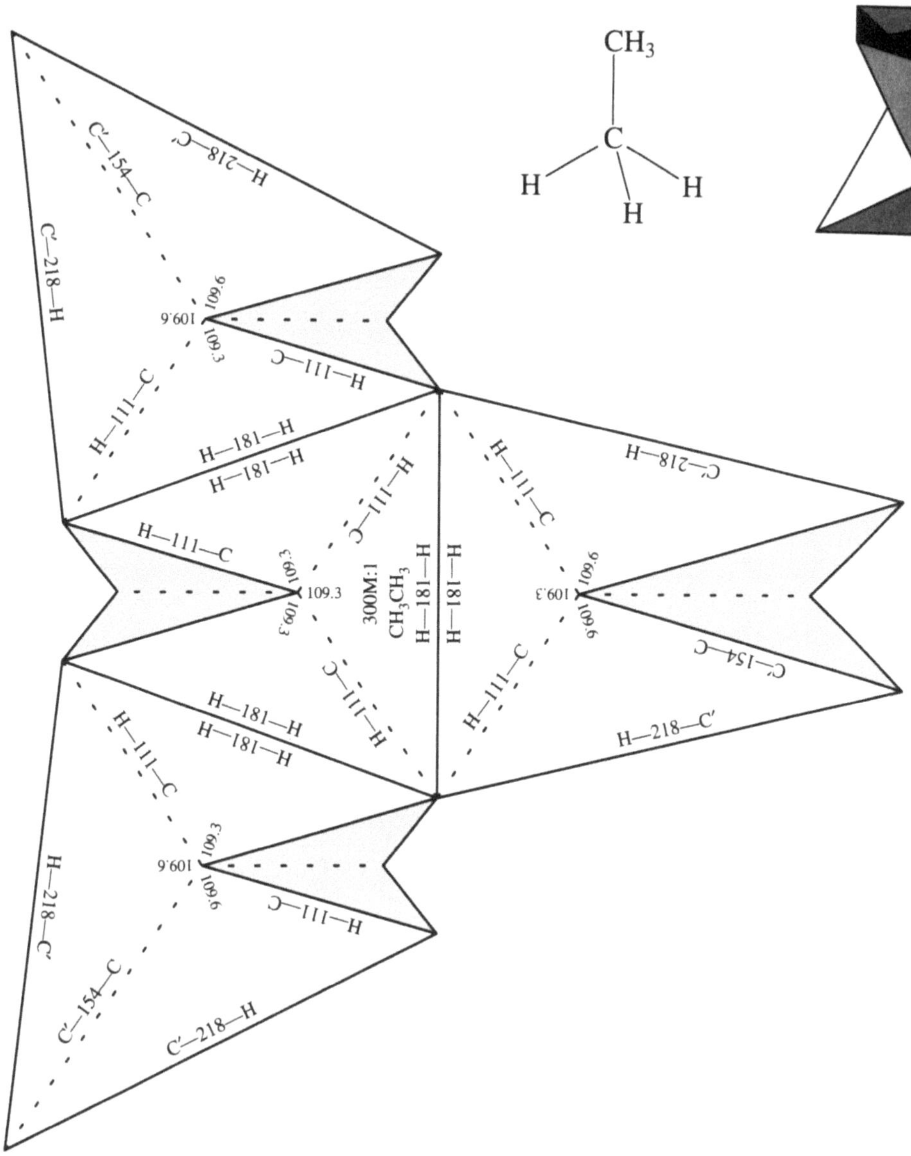

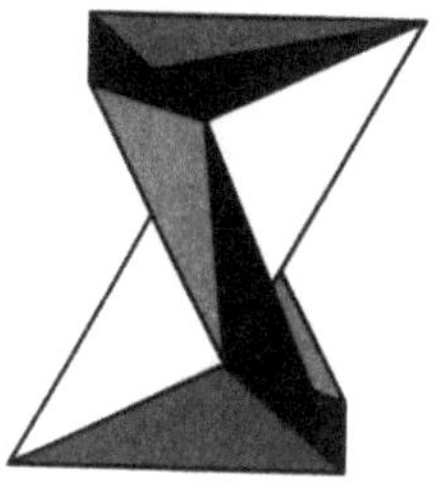

Anmerkung: Dies ist die eine Hälfte von CH₃CH₃. Basteln Sie beide Modelle (s.a. Seite 51) und verketten Sie diese zum Gesamtmolekül. Wenn Sie entlang der C-C-Achse blicken, sollten Sie die *gestaffelte Konformation* erkennen, wie sie rechts gezeigt ist. Der Blick entlang der C-C-Achse wird als *Newman-Projektion* bezeichnet.

Frage zum Nachdenken:

Eine Konformation des Ethans wird als „*ekliptisch*" bezeichnet. In ihr ist die vordere Methylgruppe in der Newman-Projektion um 60° gedreht. In der ekliptischen Konformation stehen die vorderen drei H-Atome somit deckungsgleich in einer Reihe mit den hinteren drei H-Atomen. Warum ist die gestaffelte Konformation stabiler als die ekliptische?

1 Grundlegende Formen   49

Ethan (zweiter Teil)   CH₃CH₃

Form: tetraedrisch   Einheit: pm   Maßstab: 300.000.000 : 1

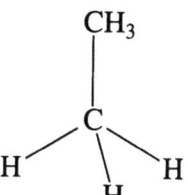

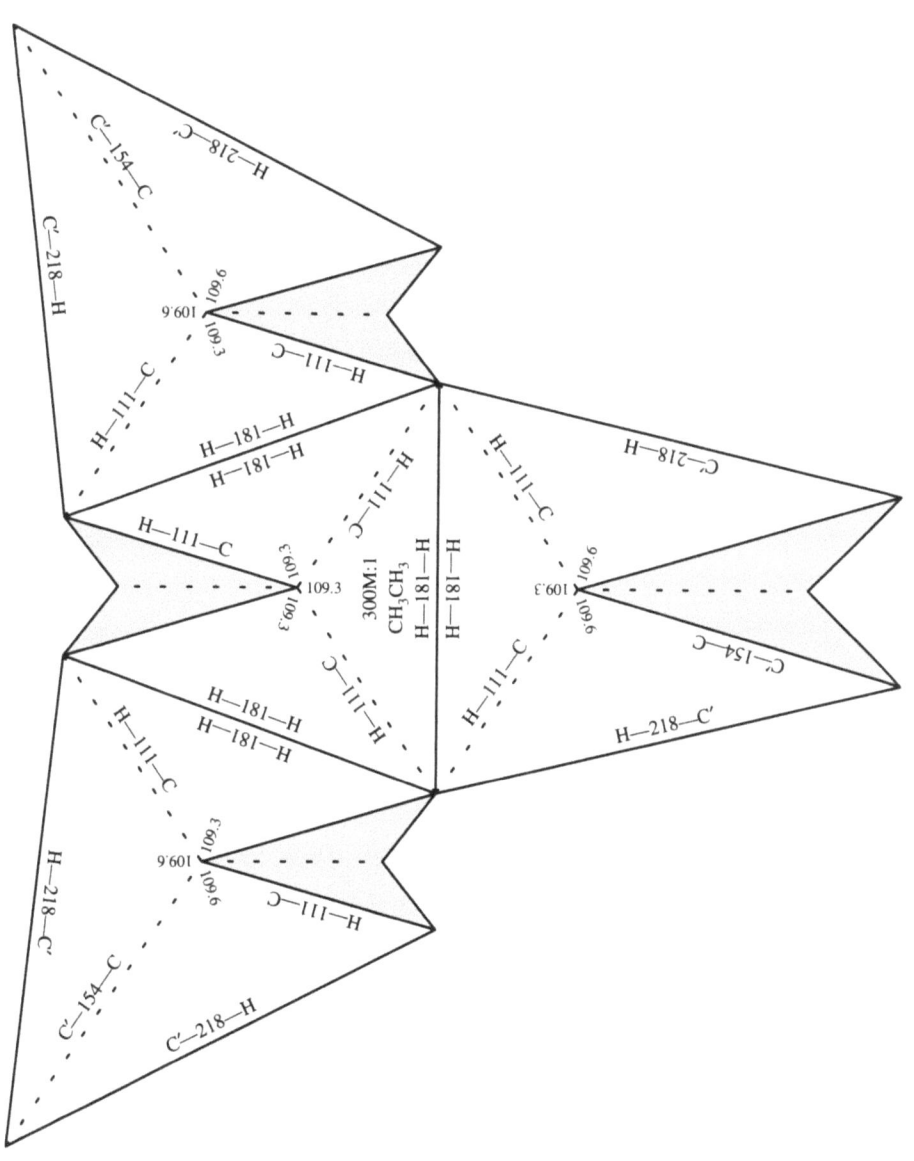

1 Grundlegende Formen   51

Methylamin (C) $\qquad$ CH$_3$NH$_2$

Form: tetraedrisch Einheit: pm Maßstab: 300.000.000 : 1

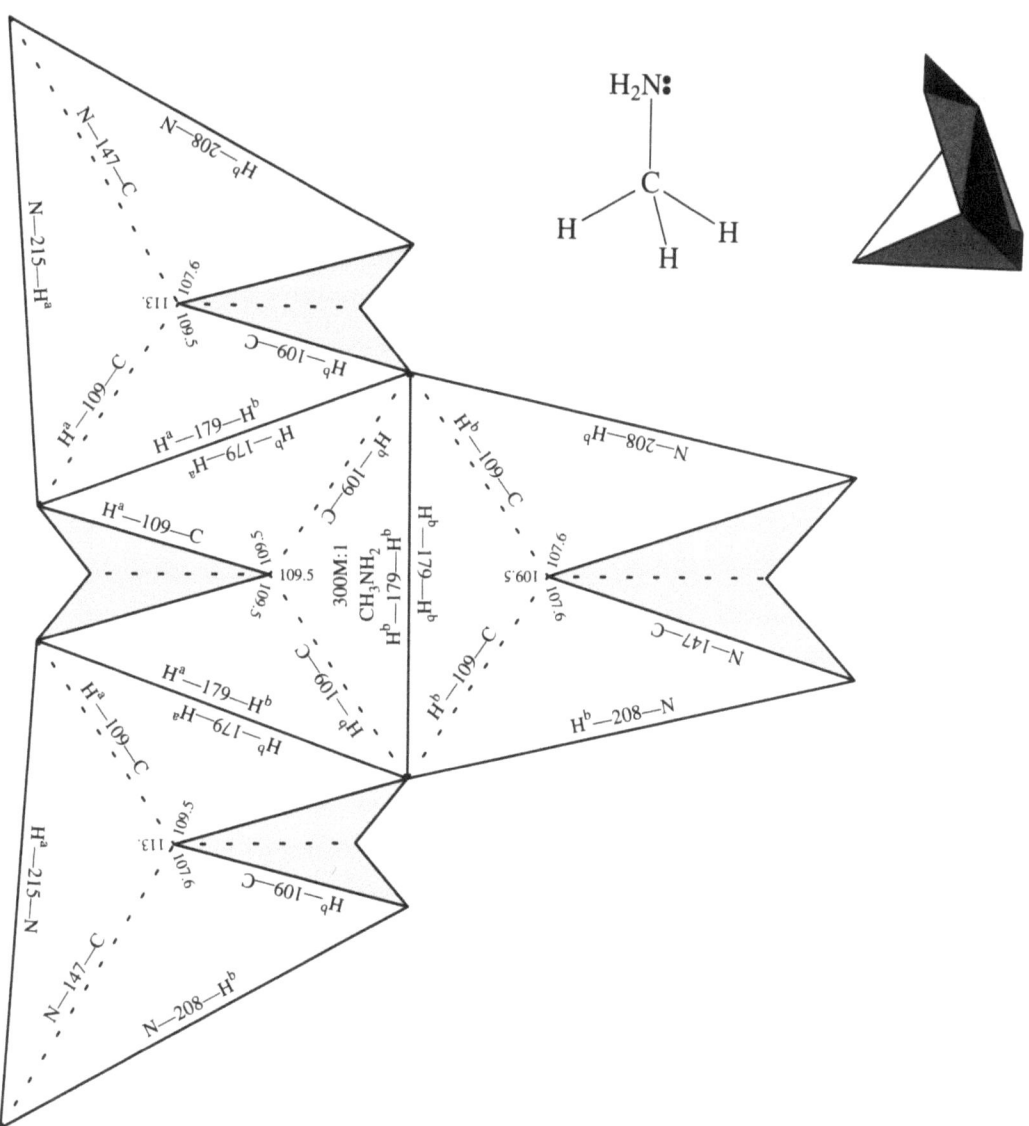

Anmerkung: Den zweiten Teil des CH$_3$NH$_2$ finden Sie auf Seite 17. Beide Teile können miteinander zum Gesamt-Molekül verkettet werden. Die C-H^a-Linie sollte den H-N-H-Winkel halbieren. Die Konformation ist also, wie in CH$_3$CH$_3$ (Seite 49), gestaffelt.

Fragen zum Nachdenken:

(a) Wenn Sie das Modell von CH$_3$NH$_2$ genau betrachten, werden Sie bemerken, daß die H-C-N-Winkel nicht alle gleich sind. Der Winkel am H^a beträgt 113°, während die an H^b nur 107,9° betragen. Das heißt, die NH$_2$-Gruppe beugt sich von H^a weg. Wie kommt es dazu?

(b) Ist CH$_3$NH$_2$ (Seite 17) oder NH$_3$ (Seite 11) um das Stickstoffatom herum flacher? Was bedeutet dies für das freie Elektronenpaar?

(c) Was ist basischer, CH$_3$NH$_2$ oder NH$_3$?

1 Grundlegende Formen

Methanol   CH₃OH

Form: tetraedrisch   Einheit: pm   Maßstab: 300.000.000 : 1

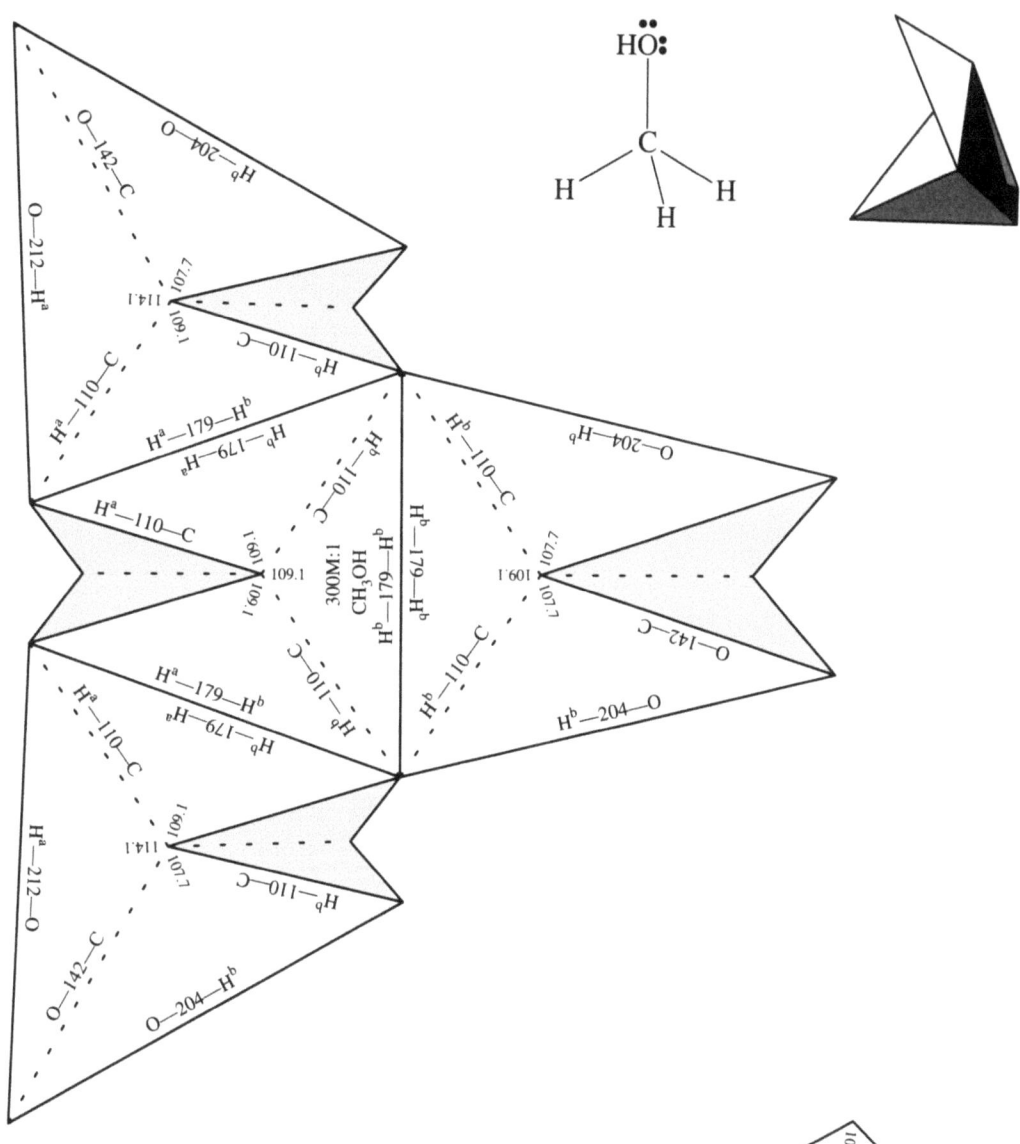

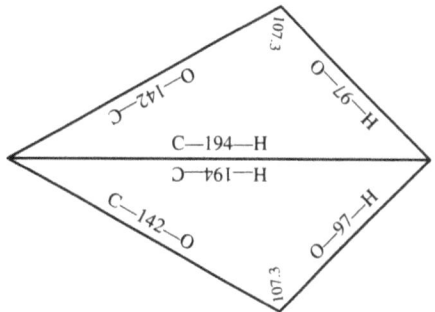

Anmerkung: Der zweite Teil des CH₃OH befindet sich rechts (doppelt, so daß die Schrift nach dem Falten auf beiden Seiten zu lesen ist). Falten Sie beide Modelle zusammen. Die C-H$_a$-Linie sollte ekliptisch zur OH⁻-Linie stehen.

Fragen zum Nachdenken:

(a) Wieder einmal zeigt eine sorgfältige Betrachtung des Modells, daß die OH-Gruppe von einem der Wasserstoffatome weggeneigt ist. Woran kann das liegen?

(b) Warum ist der C-O-Abstand in CH₃OH kleiner als der C-N-Abstand in CH₃NH₂ (Seite 53)?

1 Grundlegende Formen

Trifluormethan   CHF₃

Form: tetraedrisch   Einheit: pm   Maßstab: 300.000.000 : 1

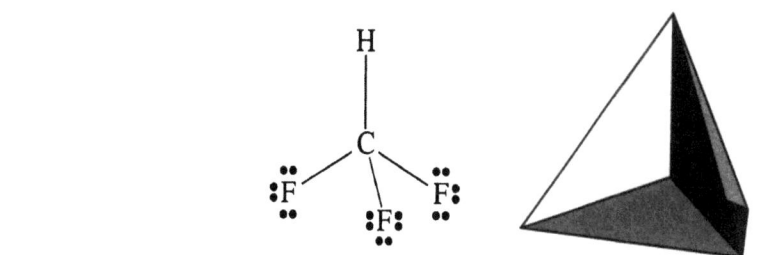

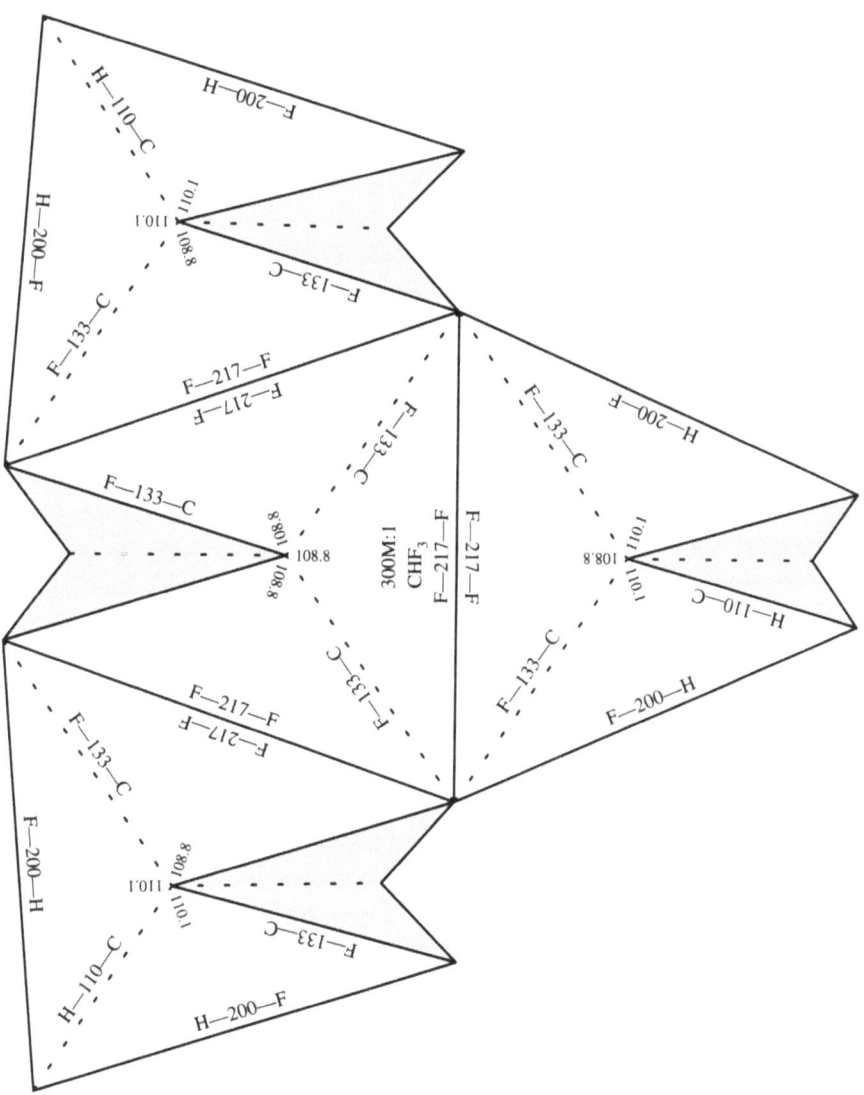

Frage zum Nachdenken:

Welchen Unterschied erwarten Sie zwischen der Struktur von CHF₃ und der von SiHF₃?

1 Grundlegende Formen

Trichlormethan (Chloroform) — CHF₃

Form: tetraedrisch   Einheit: pm   Maßstab: 300.000.000 : 1

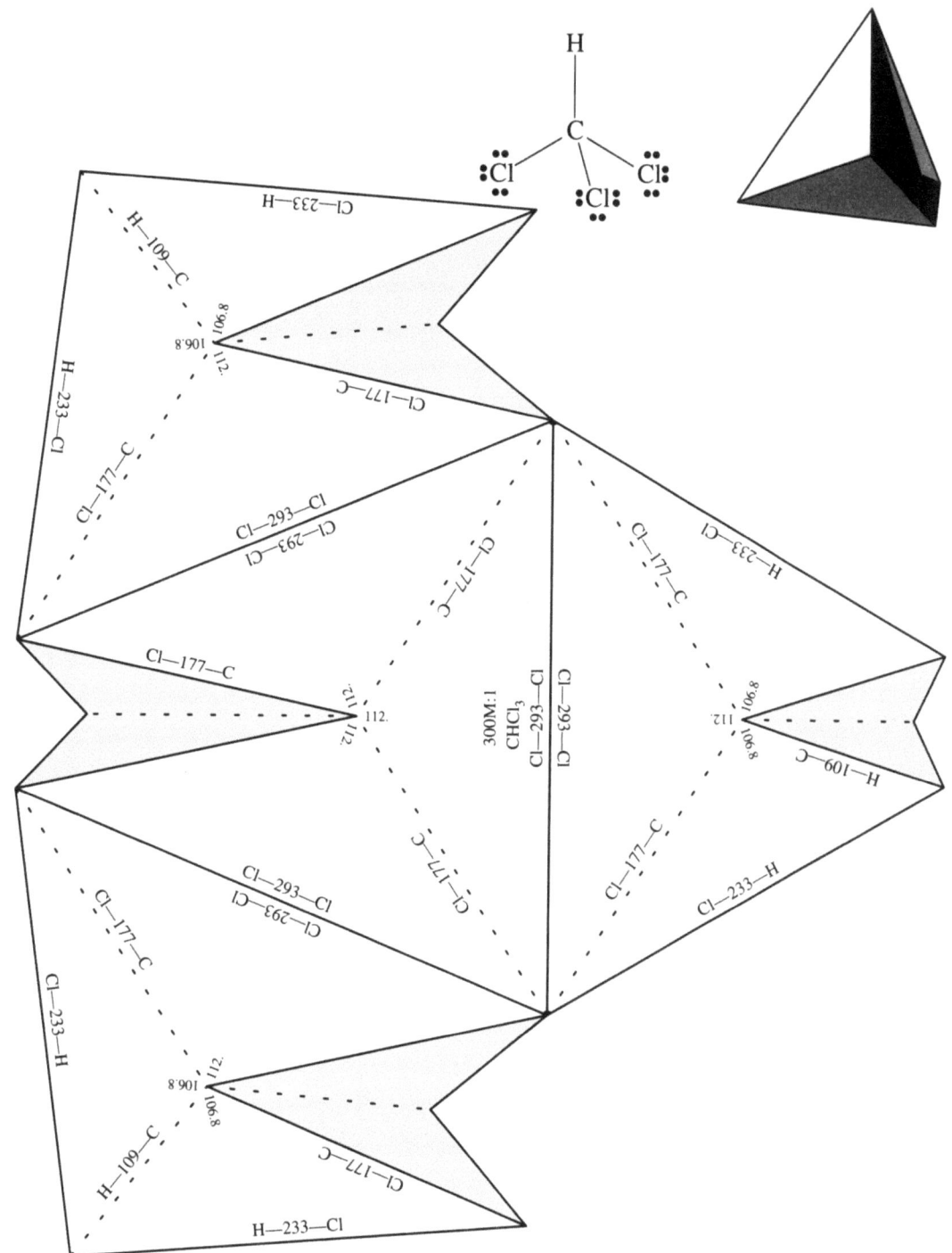

Fragen zum Nachdenken:

(a) Trichlormethan (Chloroform) ist eine schwache Säure ($pK_s \approx 25$) und reagiert mit starken Basen wie NaOH unter Bildung von CCl_3^-. Inwieweit gleichen sich NCl_3 und CCl_3^-?

(b) Welches ist die wahrscheinliche Struktur (Form, Abstände, Winkel) von CCl_3^-?

Silan   SiH₄

Form: tetraedrisch   Einheit: pm   Maßstab: 300.000.000 : 1

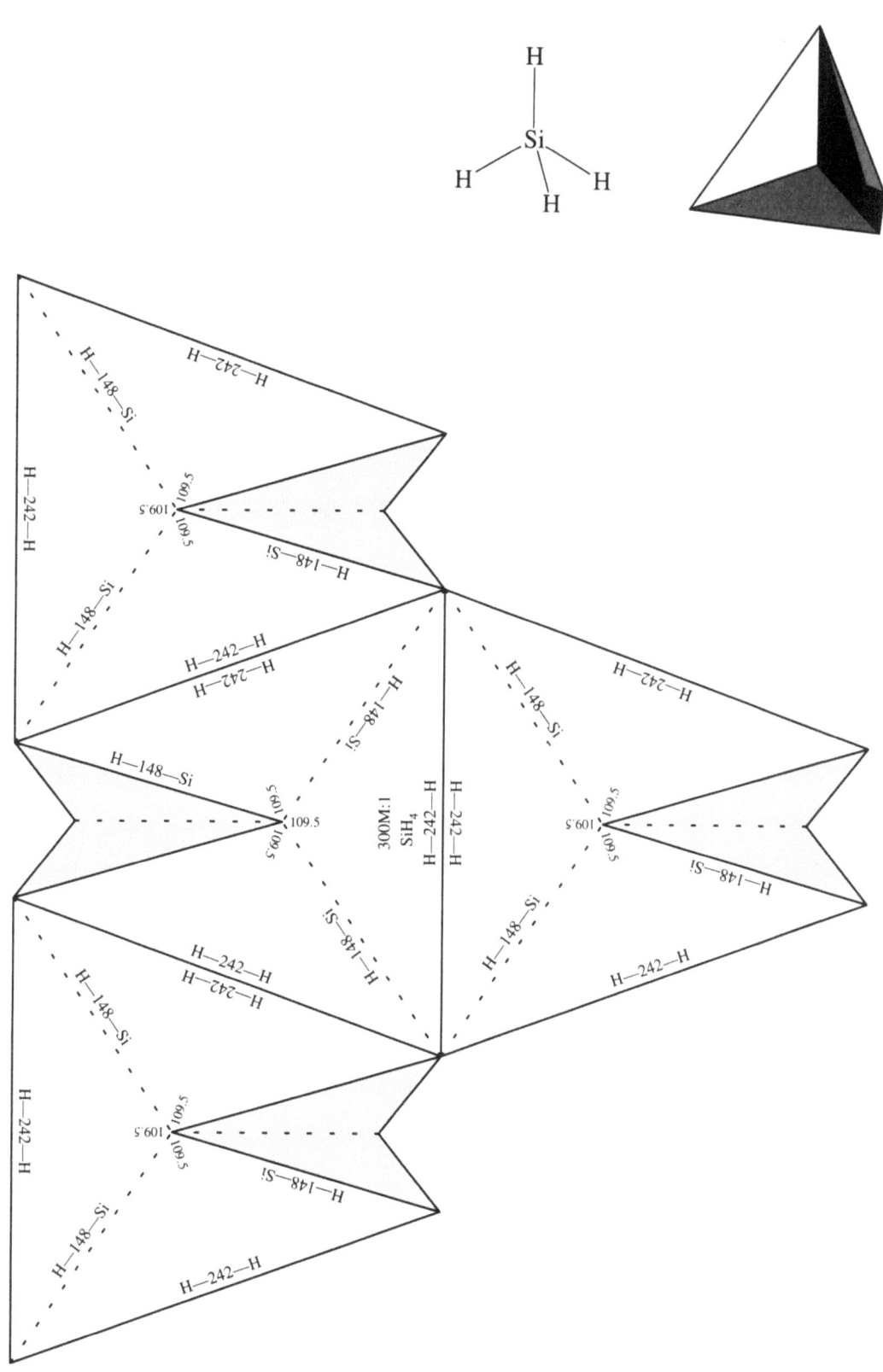

Beachten Sie, daß SiH$_4$ viel größer als CH$_4$ (Seite 31) ist!

1 Grundlegende Formen

Siliciumtetrafluorid SiF₄

Form: tetraedrisch Einheit: pm Maßstab: 300.000.000 : 1

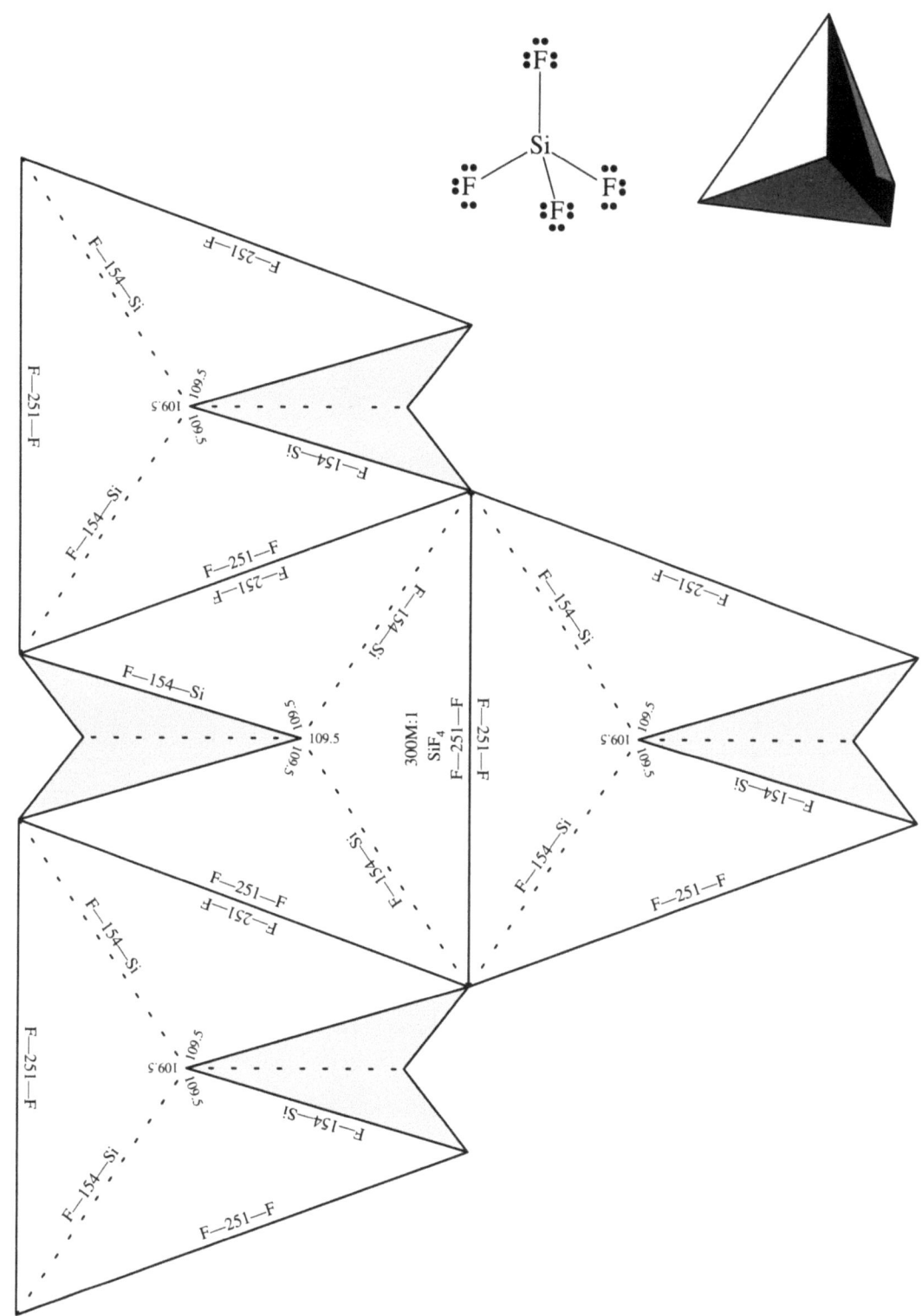

Frage zum Nachdenken:

Stellen Sie sich vor, daß eines der Protonen in einem der F-Atome des SiF₄ irgendwie dazu bewegt wurde, sich in das Si-Atom zu begeben. Welches Molekül ergäbe das? Was würden Sie für die Struktur voraussagen? (Siehe Seite 65).

1 Grundlegende Formen

Phosphorylfluorid　　　　　　　　　　　　　　　　POF$_3$

Form: tetraedrisch　　　　Einheit: pm　　　　Maßstab: 300.000.000 : 1

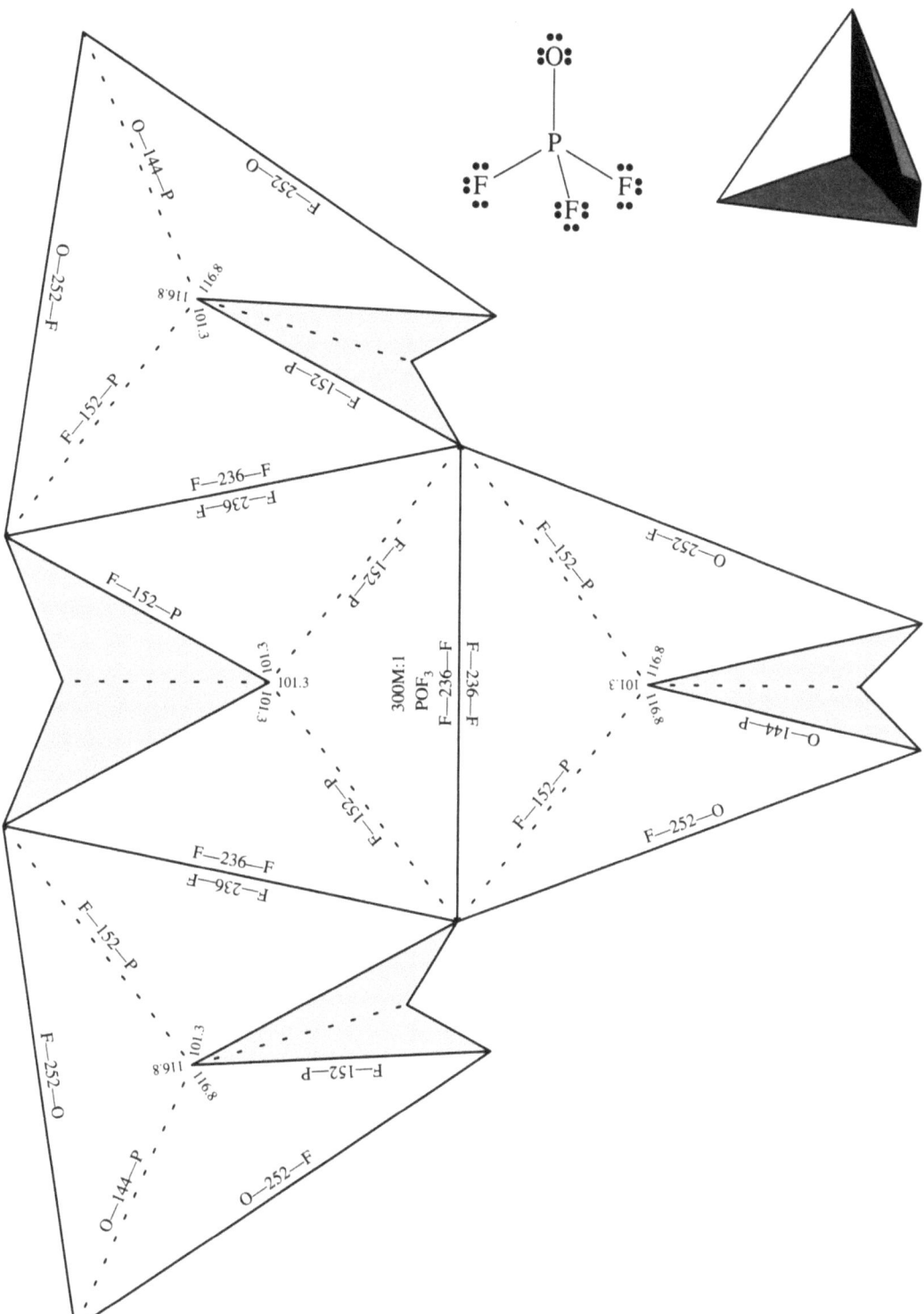

Frage zum Nachdenken:

Es ist interessant, die Strukturen von PF$_3$ und POF$_3$ zu vergleichen. Zwischen welchen anderen Molekülen und Ionen in diesem Buch besteht ein ähnlicher Zusammenhang aufgrund von Oxidation?

1 Grundlegende Formen　　65

Phosphorsäure (a) H₃PO₄

Form: tetraedrisch   Einheit: pm   Maßstab: 300.000.000 : 1

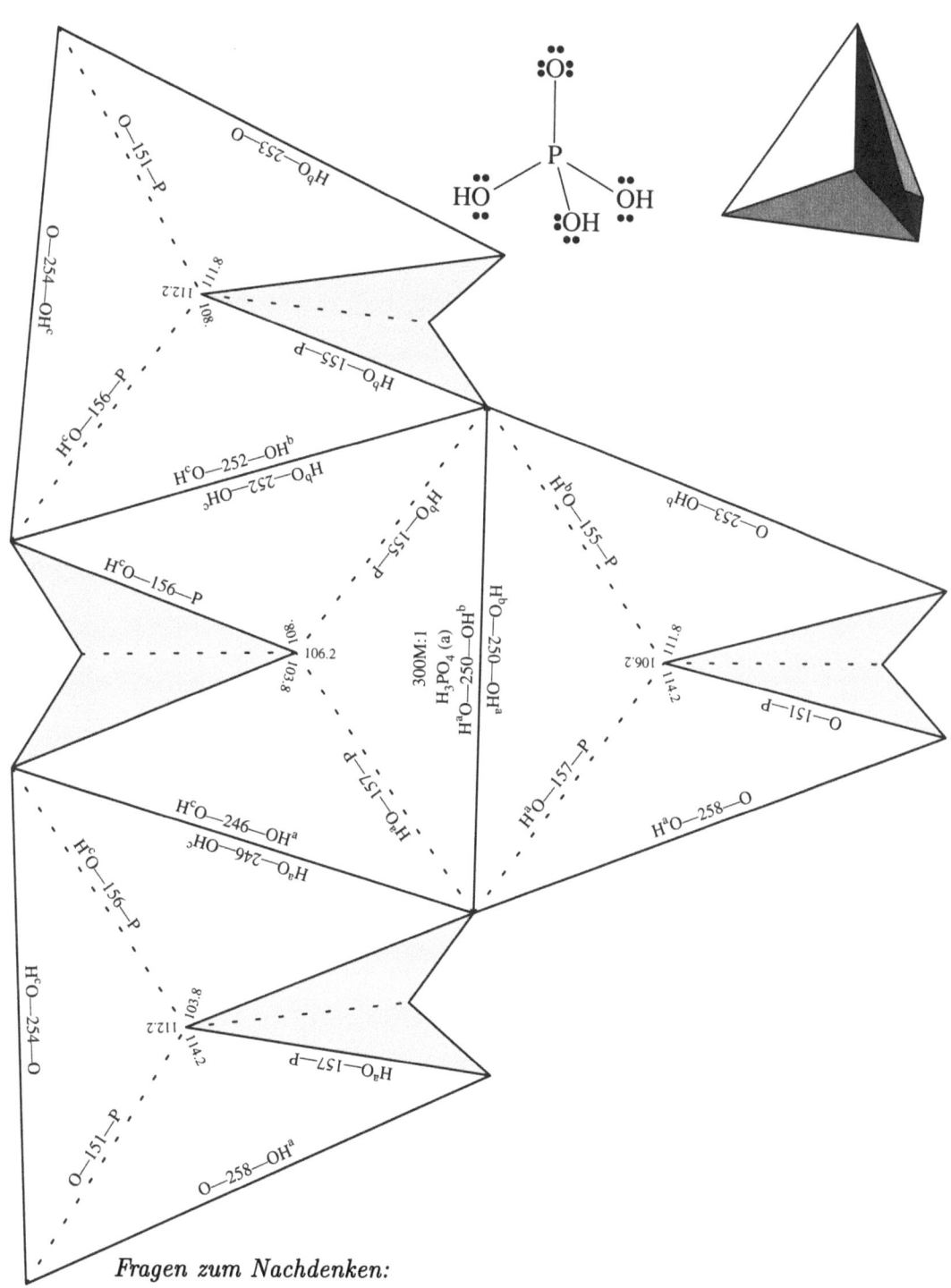

Fragen zum Nachdenken:

(a) Die Struktur von H₃PO₄, die hier angegeben wird, basiert auf der Röntgenstrukturanalyse eines Kristalls. Wenn Sie genau hinsehen, können Sie erkennen, daß es drei *verschiedene* OH-Gruppen gibt, jede in einem etwas anderen Winkel zur P-O-Bindung. Was könnte diese Variationen verursachen?

(b) Vergleichen Sie diese Struktur mit der von H₂SO₄ (Seite 71). Warum ist der S-O-Abstand (151 pm) geringer als der P-O-Abstand?

Phosphorsäure (b) H₃PO₄

Form: tetraedrisch   Einheit: pm   Maßstab: 300.000.000 : 1

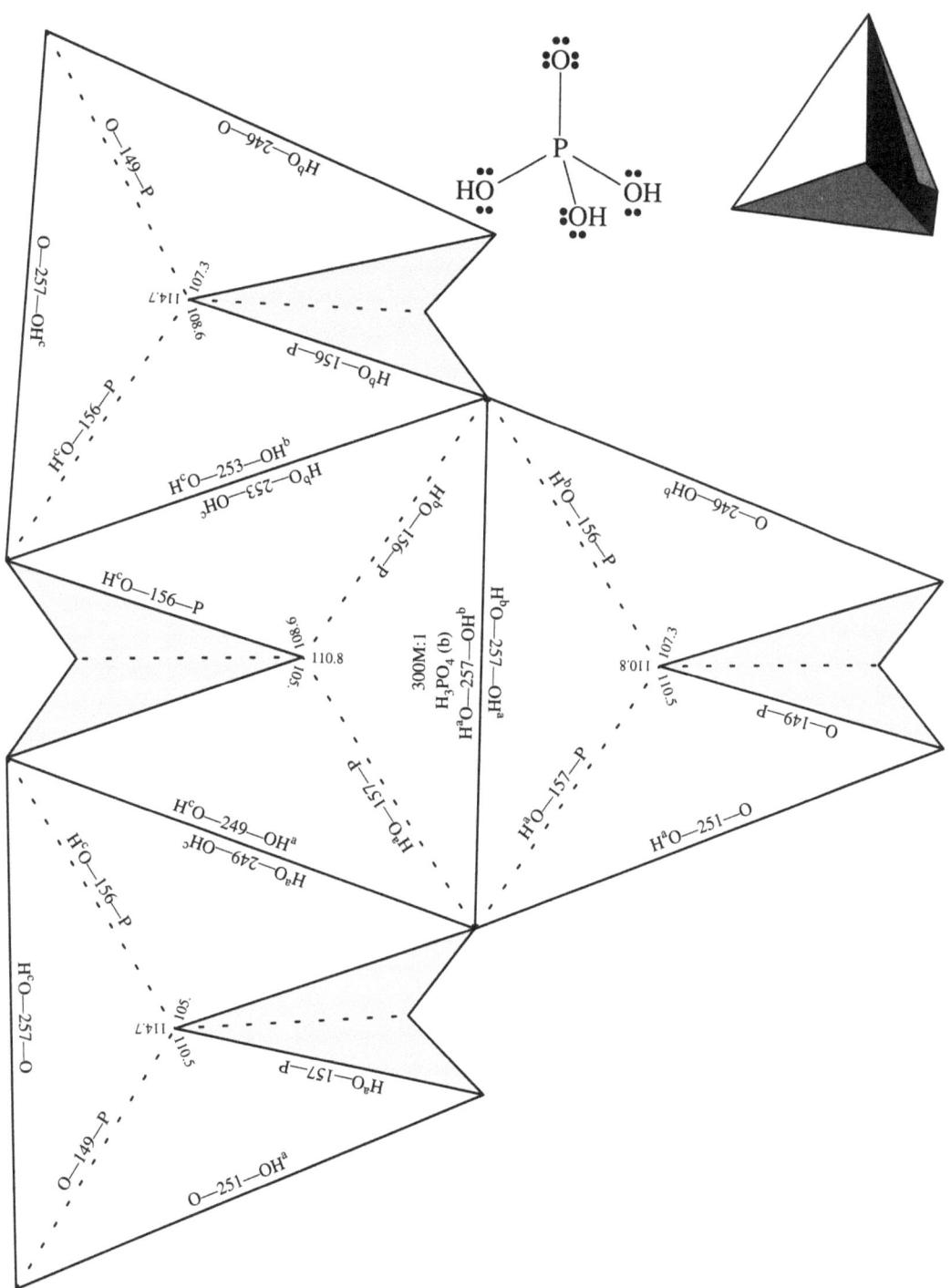

Fragen zum Nachdenken:

(a) Diese Struktur unterscheidet sich geringfügig von der vorhergehenden, die im selben Kristall gefunden wird. Was können wir aus diesem Vergleich lernen?

(b) Warum ist der P-O-Abstand in H₃PO₄ größer als der P-O-Abstand in POF₃ (Seite 65)?

Schwefelsäure $\quad$ H$_2$SO$_4$

Form: tetraedrisch $\qquad$ Einheit: pm $\qquad$ Maßstab: 300.000.000 : 1

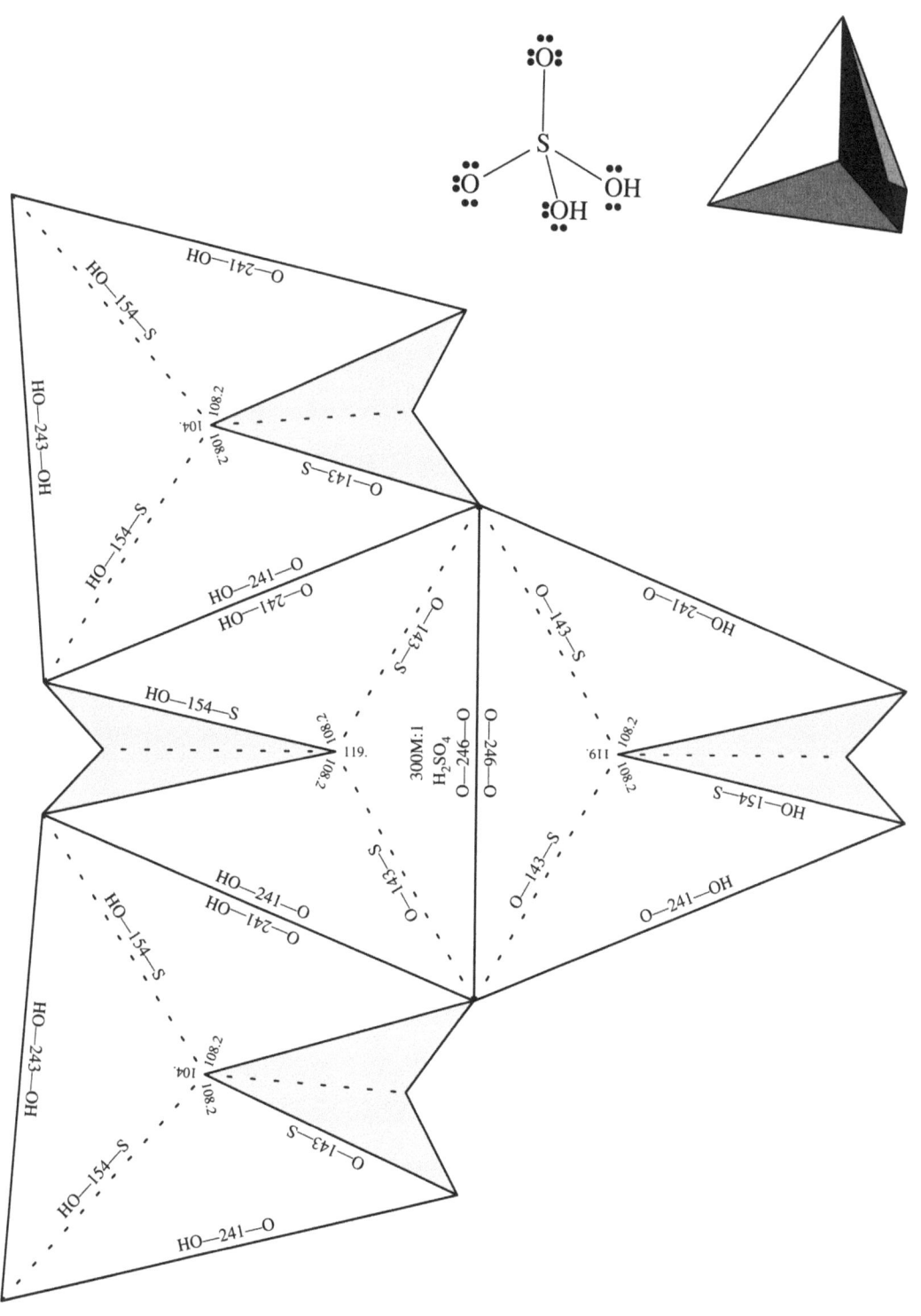

Frage zum Nachdenken:

Warum ist der O-S-O-Winkel zwischen den doppelt gebundenen Sauerstoffatomen in H$_2$SO$_4$ im Vergleich zu allen anderen Winkeln so groß?

1 Grundlegende Formen

Perchlorat-Ion (in NH$_4$ClO$_4$)   ClO$_4^-$

Form: tetraedrisch   Einheit: pm   Maßstab: 300.000.000 : 1

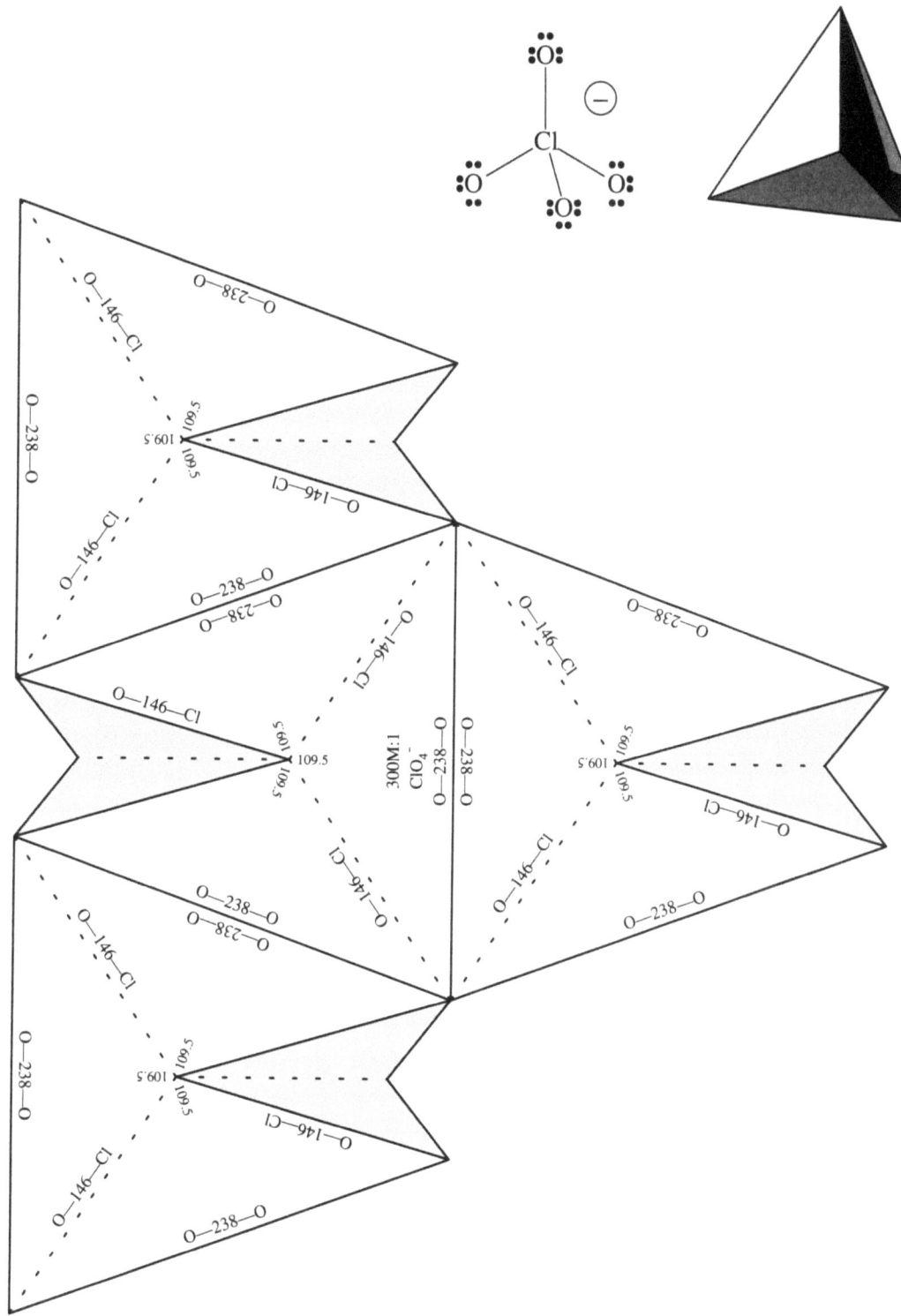

Frage zum Nachdenken:

In ClO$_3^-$ betragen die Cl-O-Abstände 157 pm und die O-Cl-O-Winkel 106,7°. Hätten Sie dies erwartet?

1 Grundlegende Formen   73

Periodat-Ion (in NaIO$_4$) — IO$_4^-$

Form: tetraedrisch   Einheit: pm   Maßstab: 300.000.000 : 1

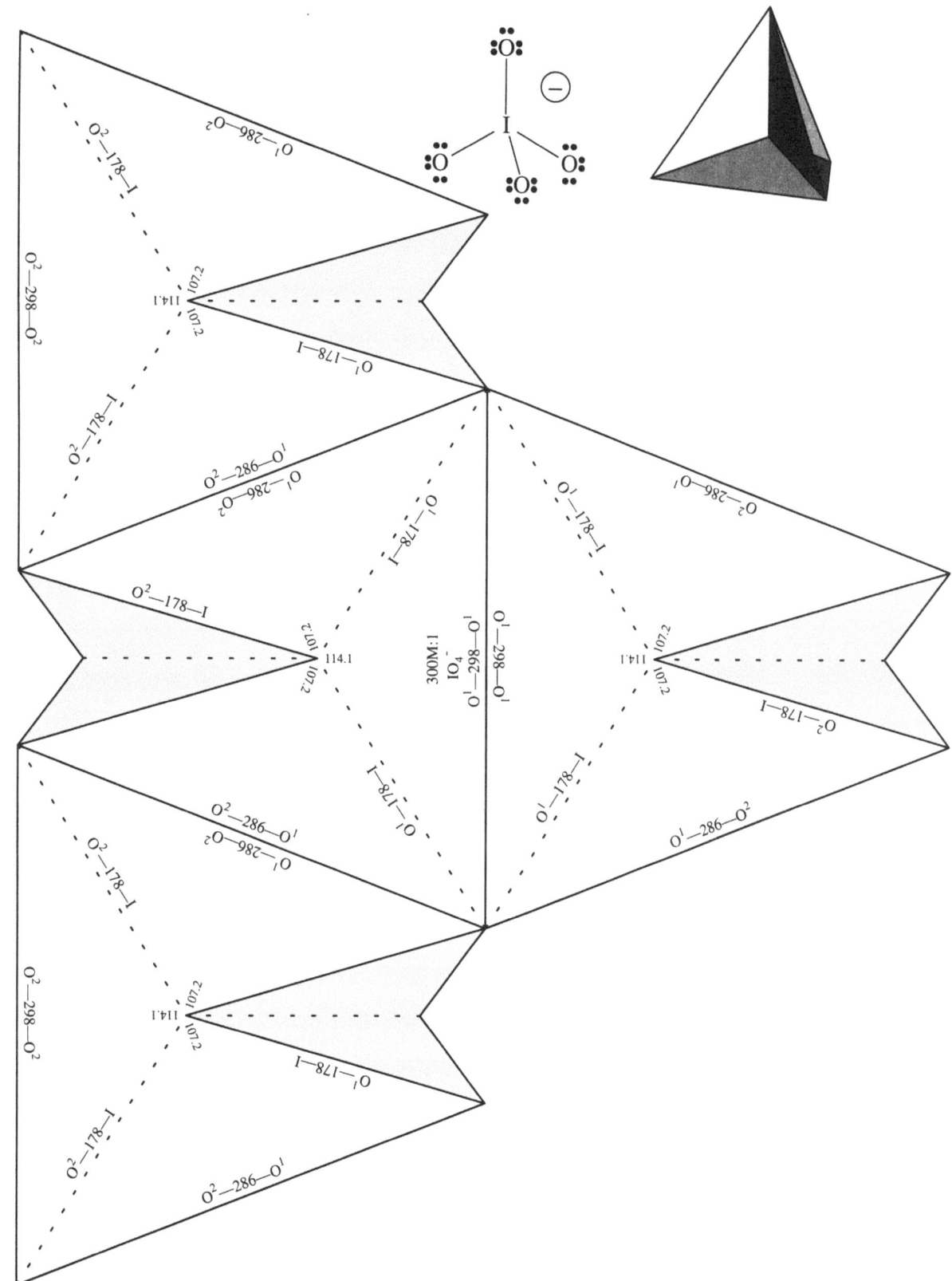

Frage zum Nachdenken:

Warum betragen nicht alle Winkel in IO$_4^-$ 109,47°?

1 Grundlegende Formen

Xenontetroxid XeO_4

Form: tetraedrisch   Einheit: pm   Maßstab: 300.000.000 : 1

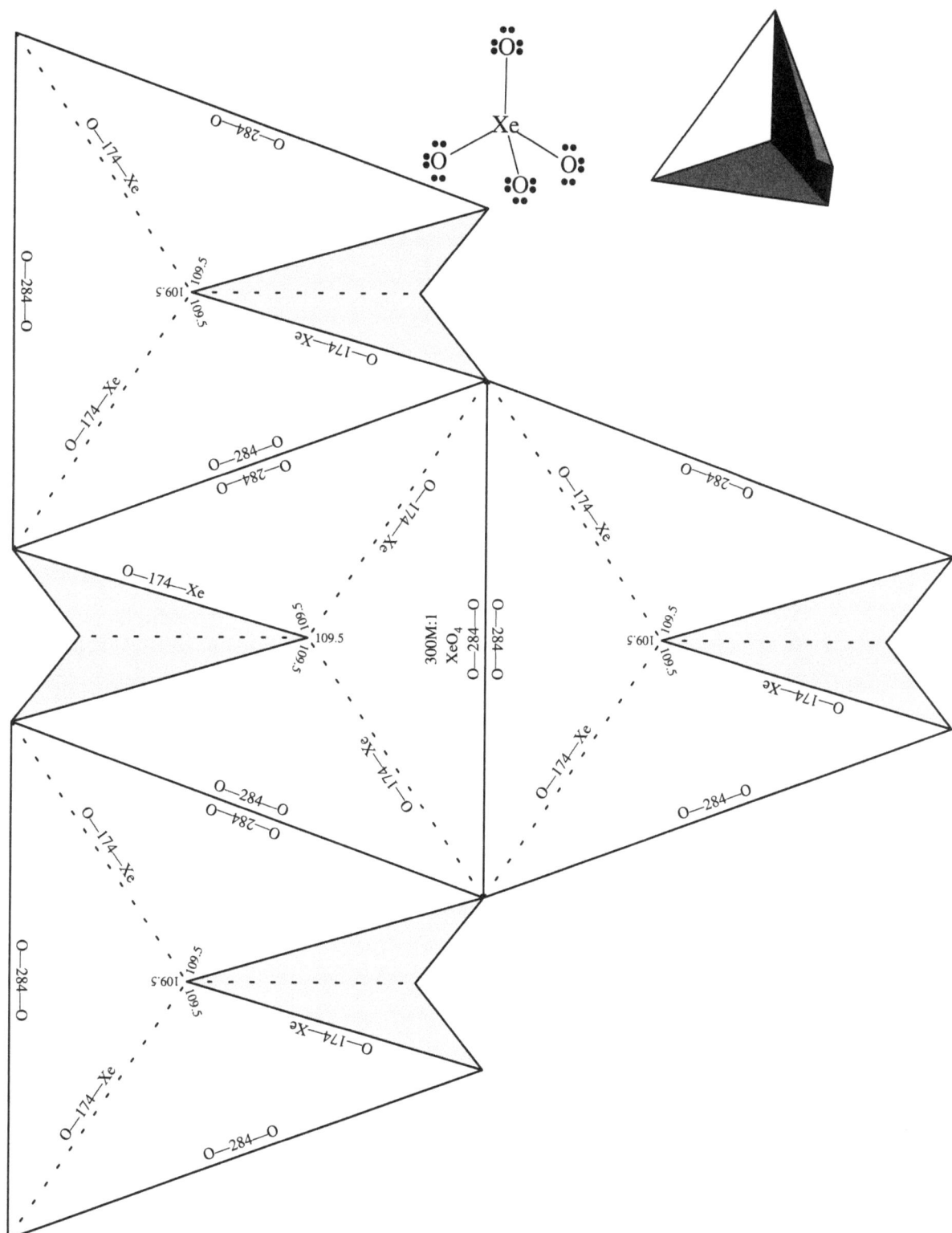

Frage zum Nachdenken:

In welchem Zusammenhang stehen IO_4^- und XeO_4? Sind 174 pm ein vernünftiger Wert für den Xe-O-Abstand in XeO_4?

1 Grundlegende Formen

2 Höhere Geometrien

In Kapitel 1 konzentrierten wir uns auf die zwei am häufigsten in der Natur vorkommenden Molekülgeometrien, die trigonale Pyramide und das Tetraeder. In diesem Kapitel finden Sie vier neue Formen: das **verzerrte Tetraeder**(das Ähnlichkeit mit einer Wippe hat), die **trigonale Bipyramide**, die **quadratische Pyramide** und das **Oktaeder**:

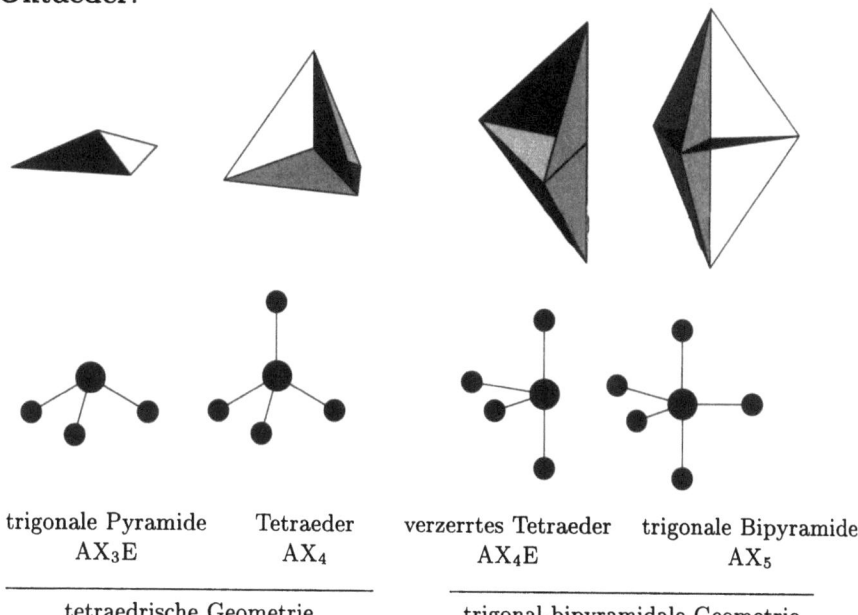

trigonale Pyramide   Tetraeder   verzerrtes Tetraeder   trigonale Bipyramide
AX_3E AX_4 AX_4E AX_5

tetraedrische Geometrie   trigonal-bipyramidale Geometrie

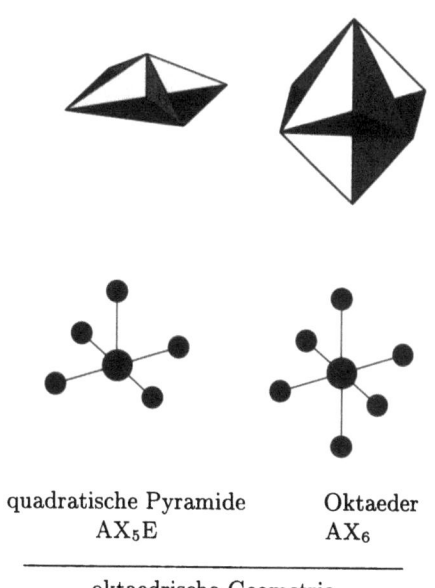

quadratische Pyramide   Oktaeder
AX_5E AX_6

oktaedrische Geometrie

Man erkennt, daß sich diese sechs Formen in drei klar erkennbare *Geometrien* einteilen lassen, die sich jeweils aus der Anzahl der „Elektronenpaare" ableiten, die das Zentralatom umgeben. So besitzen beispielsweise AX_3E und AX_4 je vier Elektronenpaare. Die Bezeichnung der Geometrie ist der Form entnommen, in der sich in diesen Positionen Atome befinden. Es ist interessant, diese Strukturen miteinander sowie mit denen aus Kapitel 1 zu vergleichen. Hier werden keine Fragen gestellt. Das soll Sie aber natürlich nicht davon abhalten, sich selber welche zu stellen. Viele der bereits in Kapitel 1 erkennbaren Tendenzen zeichnen sich auch hier ab. Zu den interessanten Vergleichen zählen:

- **verzerrt-tetraedrisches** SF_4 mit SeF_4, SiF_4 und SF_6
- **trigonal-bipyramidales** PF_5 mit SOF_4, PF_3 und PF_6^-
- **quadratisch-pyramidales** BrF_5 mit $XeOF_4$ und BrF_3 (t-förmig) und $XeOF_4$ mit XeF_4 (quadratisch-planar)
- **oktaedrisches** SF_6 mit PF_6^-, SF_4 und SF_2

Versuchen Sie diese Vergleiche zu systematisieren oder Voraussagen zu treffen. Welche Tendenzen zeichnen sich ab?

2.1 Verzerrtes Tetraeder — AX$_4$E

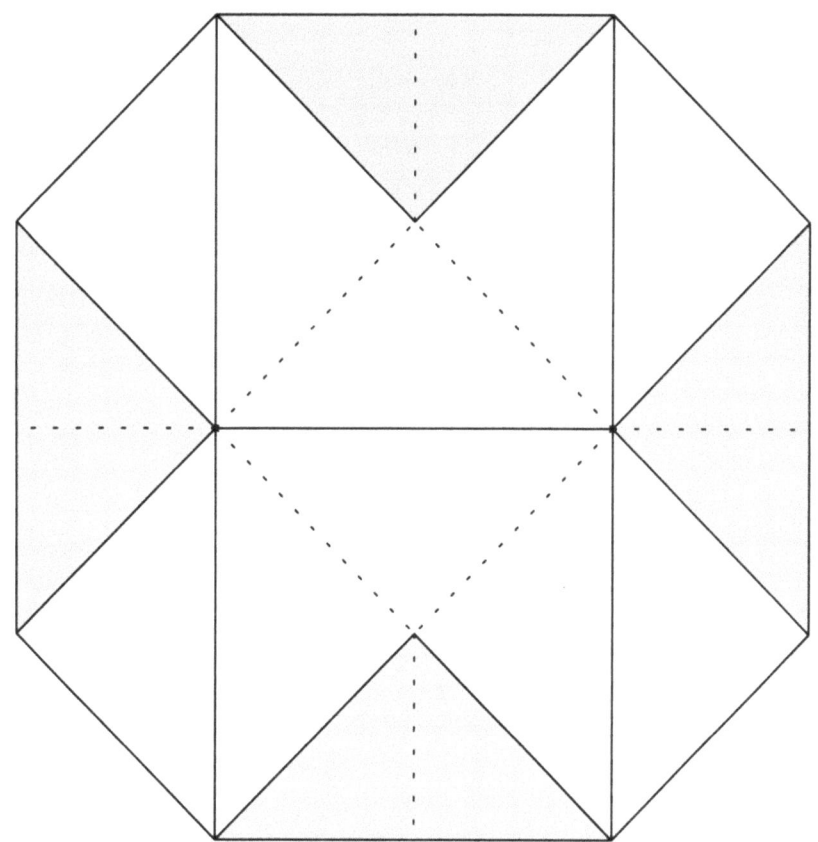

Verzerrt-tetraedrische („wippen-förmige") Moleküle sind viel weniger häufig als trigonal-pyramidale oder tetraedrische. Sie verdanken ihre Form einem zusätzlichen freien Elektronenpaar am Zentralatom.

AX$_4$E-Moleküle werden aus einem Zentralatom gebildet, das von vier äußeren Atomen umgeben ist. Zwei dieser äußeren Atome befinden sich einander direkt gegenüber (sozusagen auf den Sitzen der Wippe) und werden *axial* genannt, die beiden anderen befinden sich in der *äquatorialen Ebene*, sozusagen im Angelpunkt der Wippe. Das freie Elektronenpaar besetzt die dritte äquatoriale Position. Die zwei Modelle in diesem Abschnitt zeigen einige Charakteristika. Beachten Sie beispielsweise, daß die axialen Abstände größer sind als die äquatorialen. Außerdem befindet sich das Zentralatom etwas *außerhalb* des Bereiches, der die äußeren Atome enthält. Kann dies an der „Größe" des freien Elektronenpaares liegen, oder ist dieser Effekt darauf zurückzuführen, daß das freie Elektronenpaar mehr als seinen „gerechten" Anteil des verfügbaren s-Orbitals beansprucht?

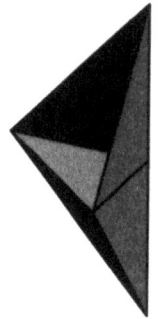

Schwefeltetrafluorid $\quad$ SF$_4$

Form: verzerrt-tetraedrisch $\qquad$ Einheit: pm $\qquad$ Maßstab: 240.000.000 : 1

Der F^2-S-F^2 Winkel beträgt 173°.

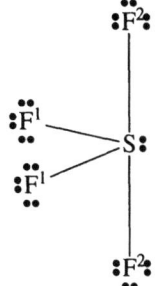

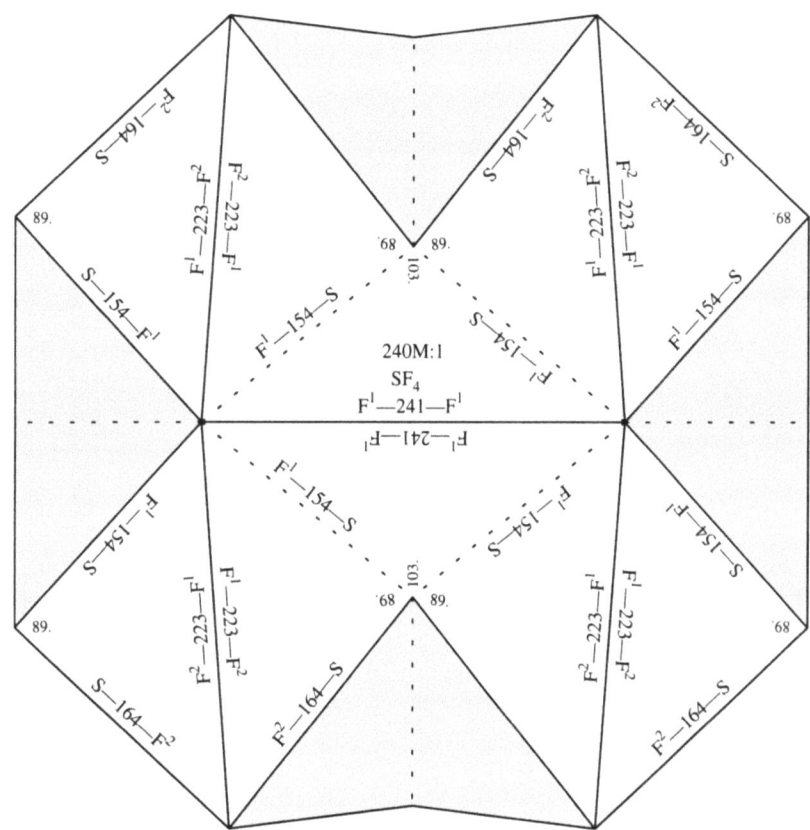

2 Höhere Geometrien $\quad$ 83

Selentetrafluorid SeF$_4$

Form: verzerrt-tetraedrisch   Einheit: pm   Maßstab: 240.000.000 : 1

Der F^2-Se-F^2 Winkel beträgt 169,2°.

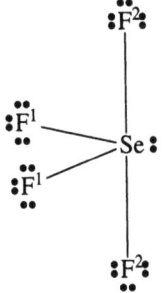

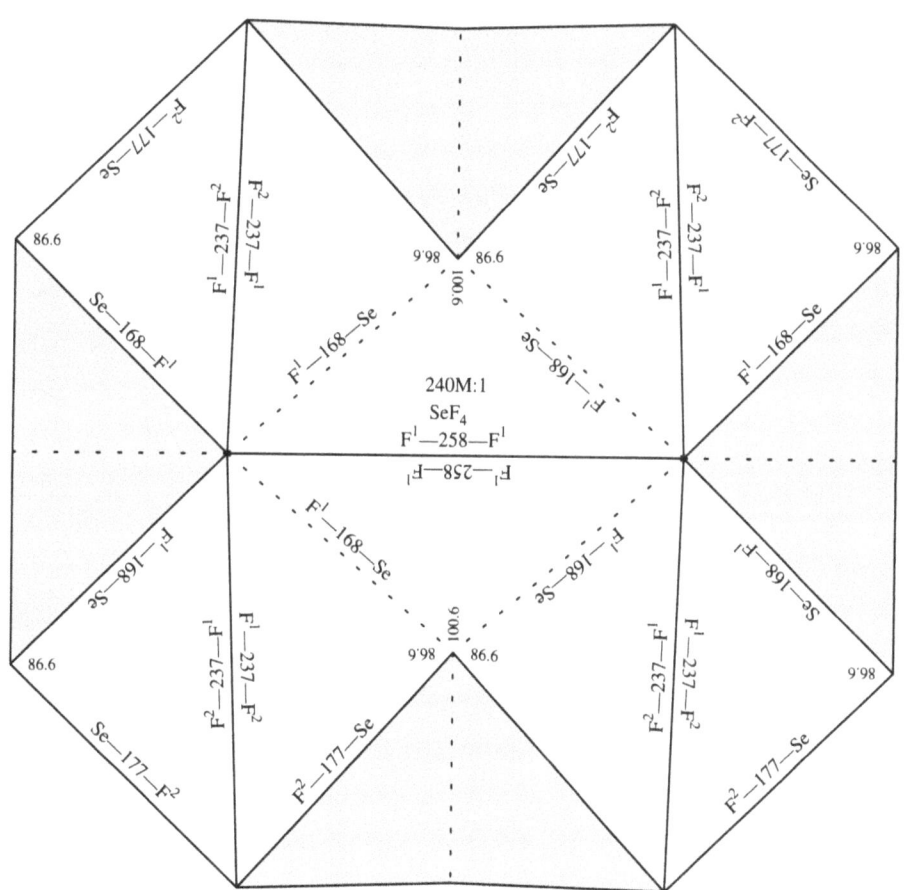

2 Höhere Geometrien

2.2 Trigonale Bipyramide AX_5

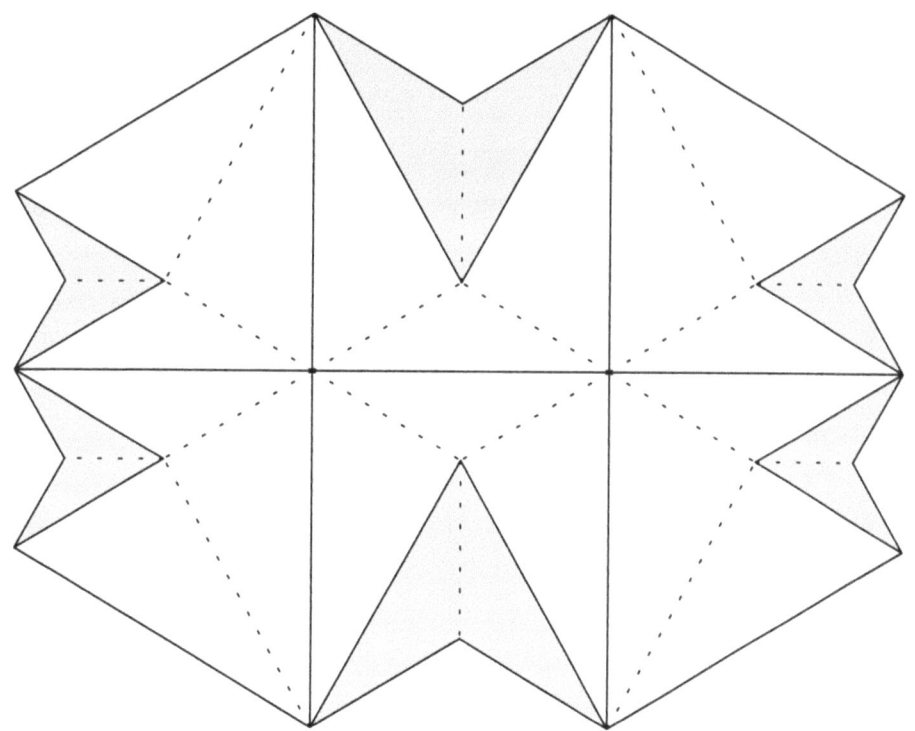

Trigonal-bipyramidale Moleküle bestehen aus fünf äußeren Atomen, die sich um ein Zentralatom verteilen. Drei dieser äußeren Atome befinden sich in der *äquatorialen (eq)* Ebene. Die beiden anderen befinden sich einander direkt gegenüber und werden als *axial* bezeichnet.

Ein idealisiertes AX_5-Modell wird oben gezeigt und besteht aus sechs Flächen. In diesem speziellen Modell beträgt jeder X_{eq}-A-X_{eq}-Winkel 120° und jeder X_{eq}-A-X_{ax}-Winkel 90°.

Die X_{eq}-A-X_{eq}-Winkel in realen Molekülen variieren. In SOF_4 (Seite 91) beispielsweise beträgt der F_{eq}-S-F_{eq}-Winkel 110° und der O-S-F_{eq}-Winkel 125°, auch betragen die Winkel zwischen den axialen X-Gruppen und der äquatorialen Ebene nicht immer genau 90°, obwohl sie dicht an diesem Wert liegen.

Phosphorpentafluorid PF$_5$

Form: trigonal-bipyramidal Einheit: pm Maßstab: 240.000.000 : 1

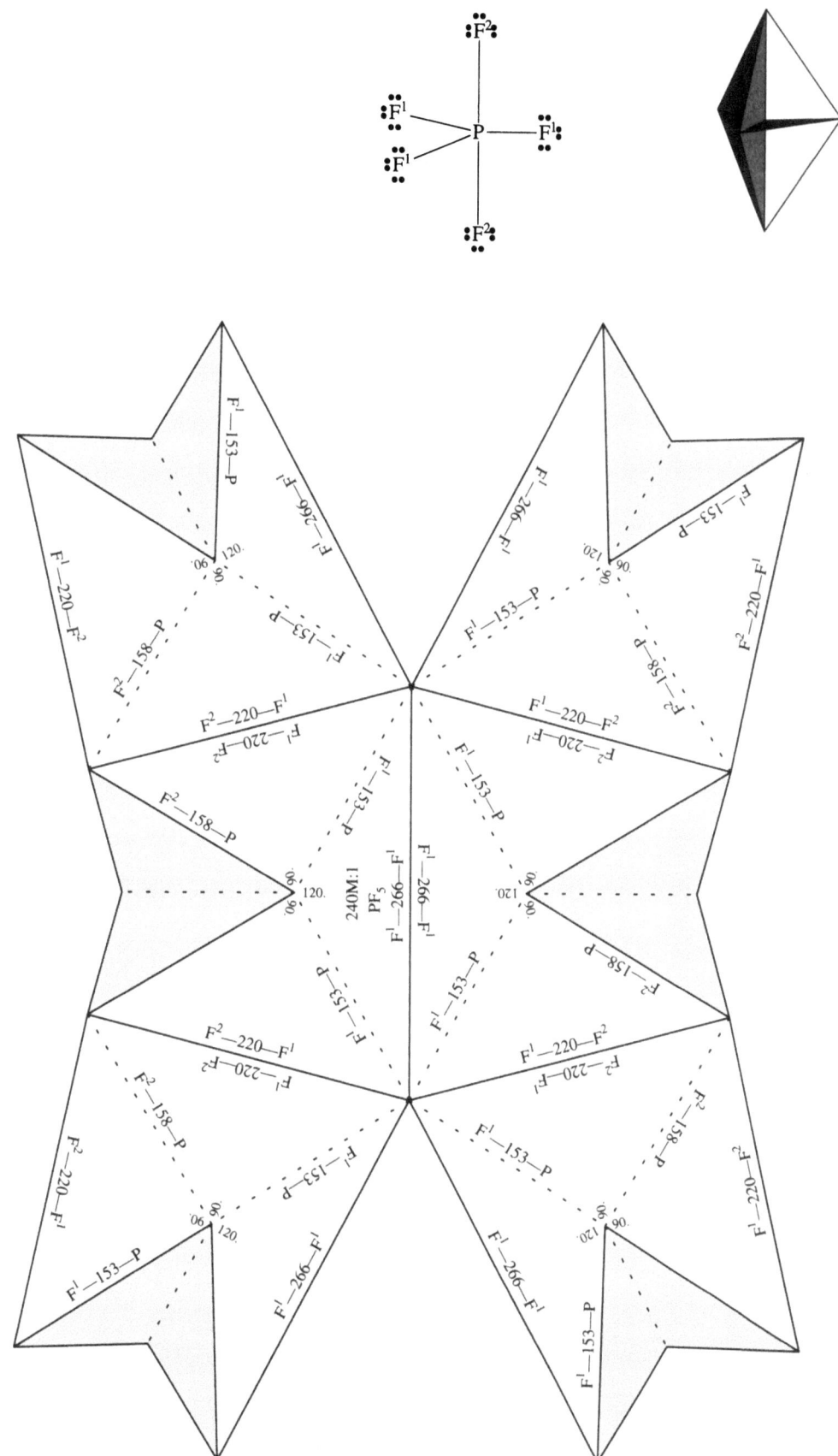

2 Höhere Geometrien

Schwefeloxidtetrafluorid SOF$_4$

Form: trigonal-bipyramidal Einheit: pm Maßstab: 240.000.000 : 1

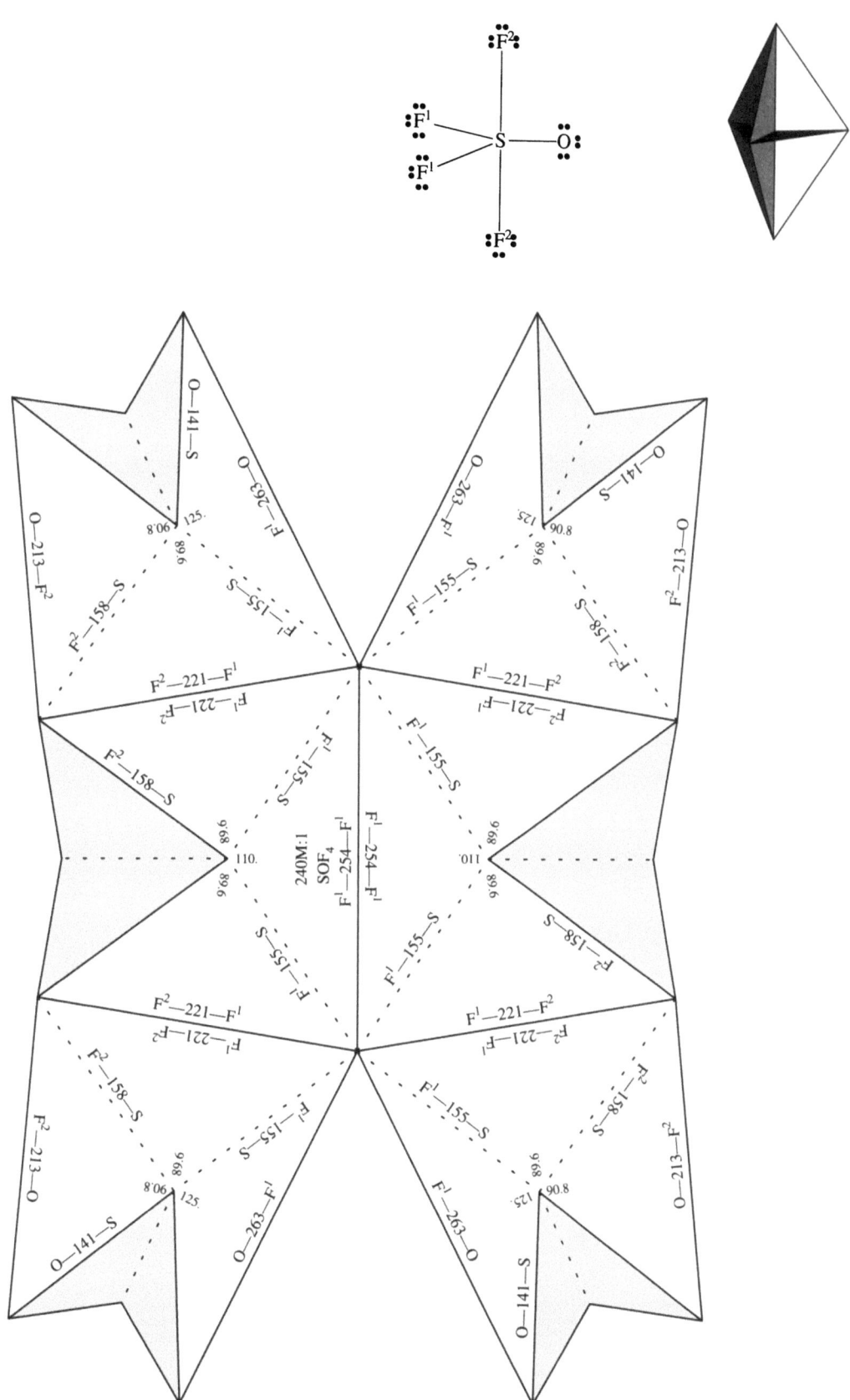

2 Höhere Geometrien

2.3 Quadratische Pyramide AX$_5$E

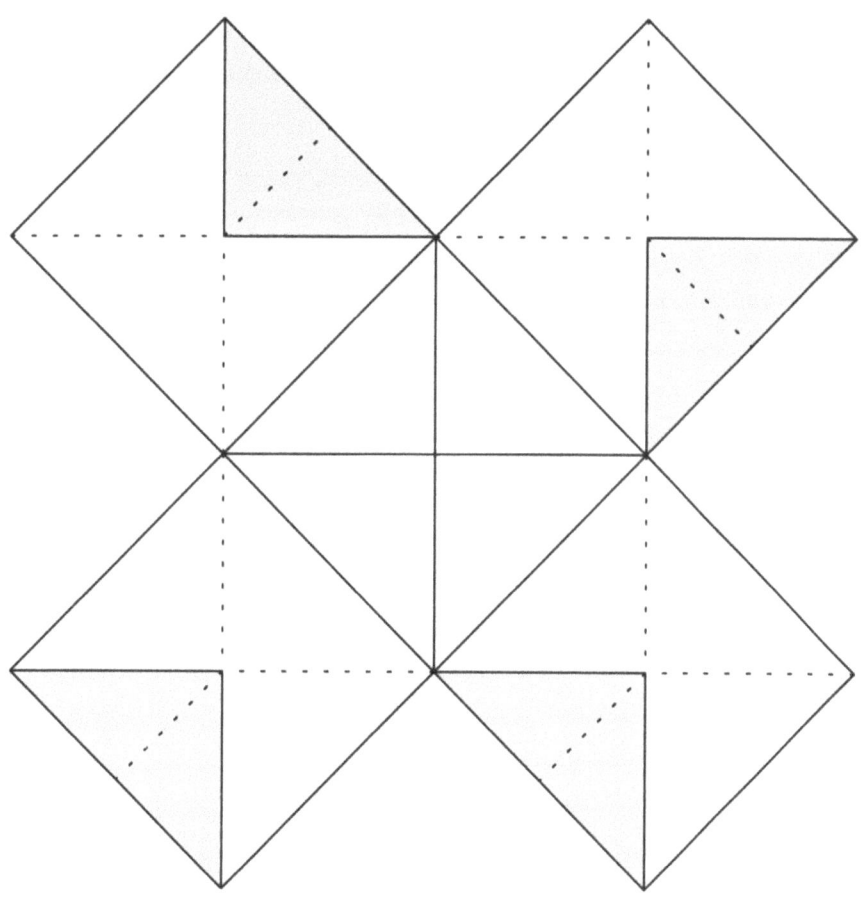

Quadratisch-pyramidale Moleküle, AX$_5$E, verfügen über fünf äußere Atome und ein freies Elektronenpaar, die sich um ein Zentralatom verteilen. Eines der äußeren Atome befindet sich an der Spitze der Pyramide und wird als *apikal* bezeichnet. Die anderen vier Atome bilden die Basis der Pyramide und werden somit als „*Basis*"-Atome bezeichnet. Das freie Elektronenpaar besetzt die sechste Position.

In allen realen AX$_5$E-Molekülen ist die apikale A-X-Bindung kürzer als der A-X-Bindungsabstand der Basis. Zusätzlich variiert unter den AX$_5$-Molekülen der Spitze-Zentrum-Basisatom-Winkel beträchtlich. So beträgt er 85° in BrF$_5$ (Seite 95) und 92° in XeOF$_4$ (Seite 97). Beachten Sie, daß sich in BrF$_5$ das Zentralatom *unterhalb* der Basisebene befindet (vermutlich wegen der Abstoßung zwischen freiem Elektronenpaar und den Bindungselektronen der Basis). Trotzdem variiert der Basis-Zentrum-Basis-Winkel nur zwischen 89,5° und 89,9°.

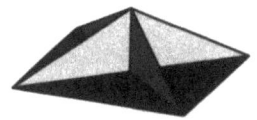

Brompentafluorid BrF$_5$

Form: quadratisch-pyramidal Einheit: pm Maßstab: 240.000.000 : 1

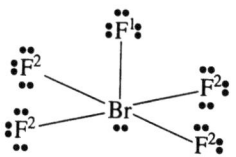
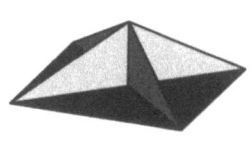

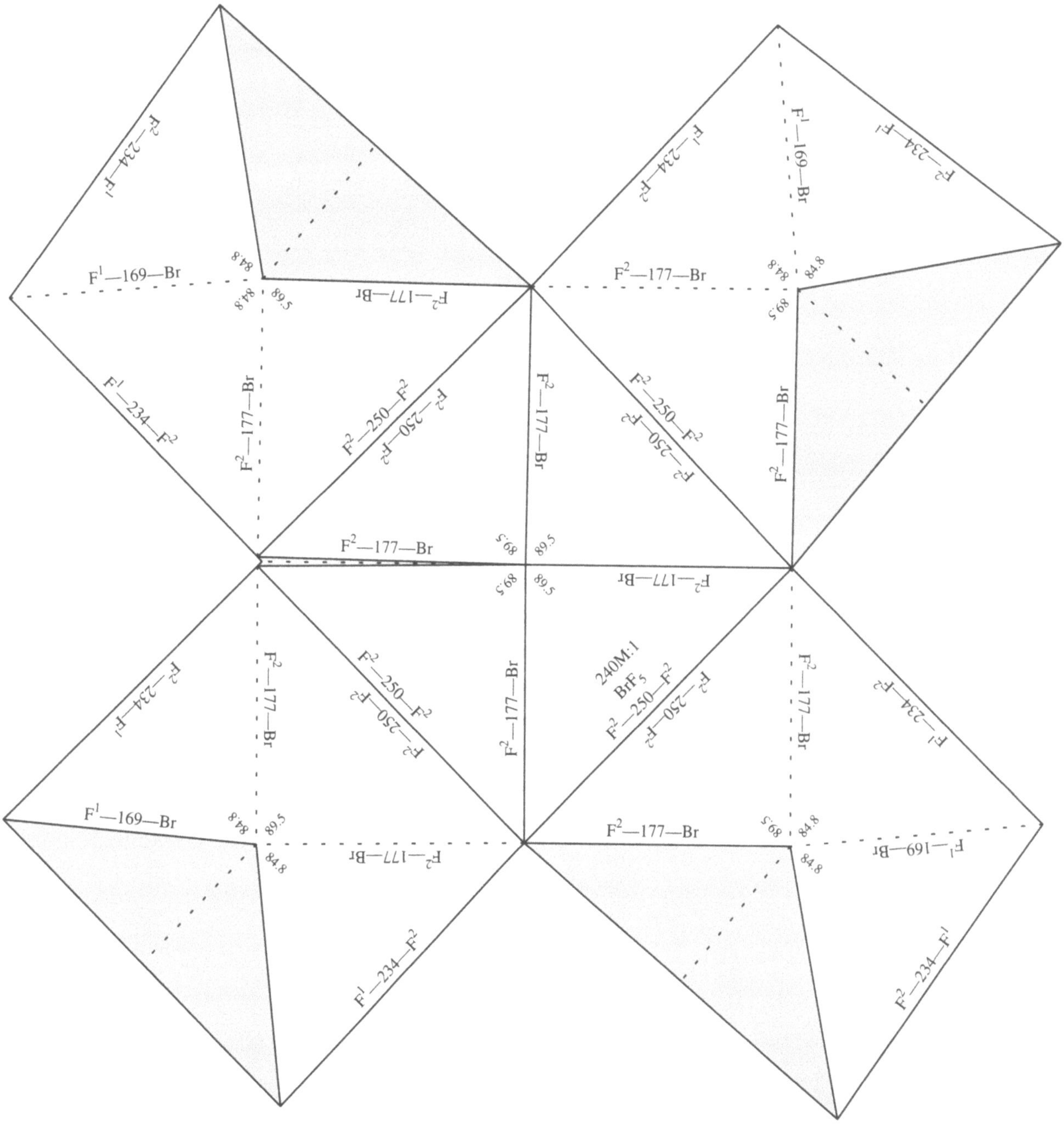

2 Höhere Geometrien

Xenontetrafluoridoxid XeOF₄

Form: quadratisch-pyramidal   Einheit: pm   Maßstab: 240.000.000 : 1

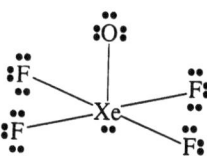
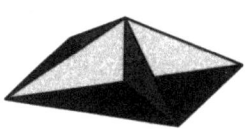

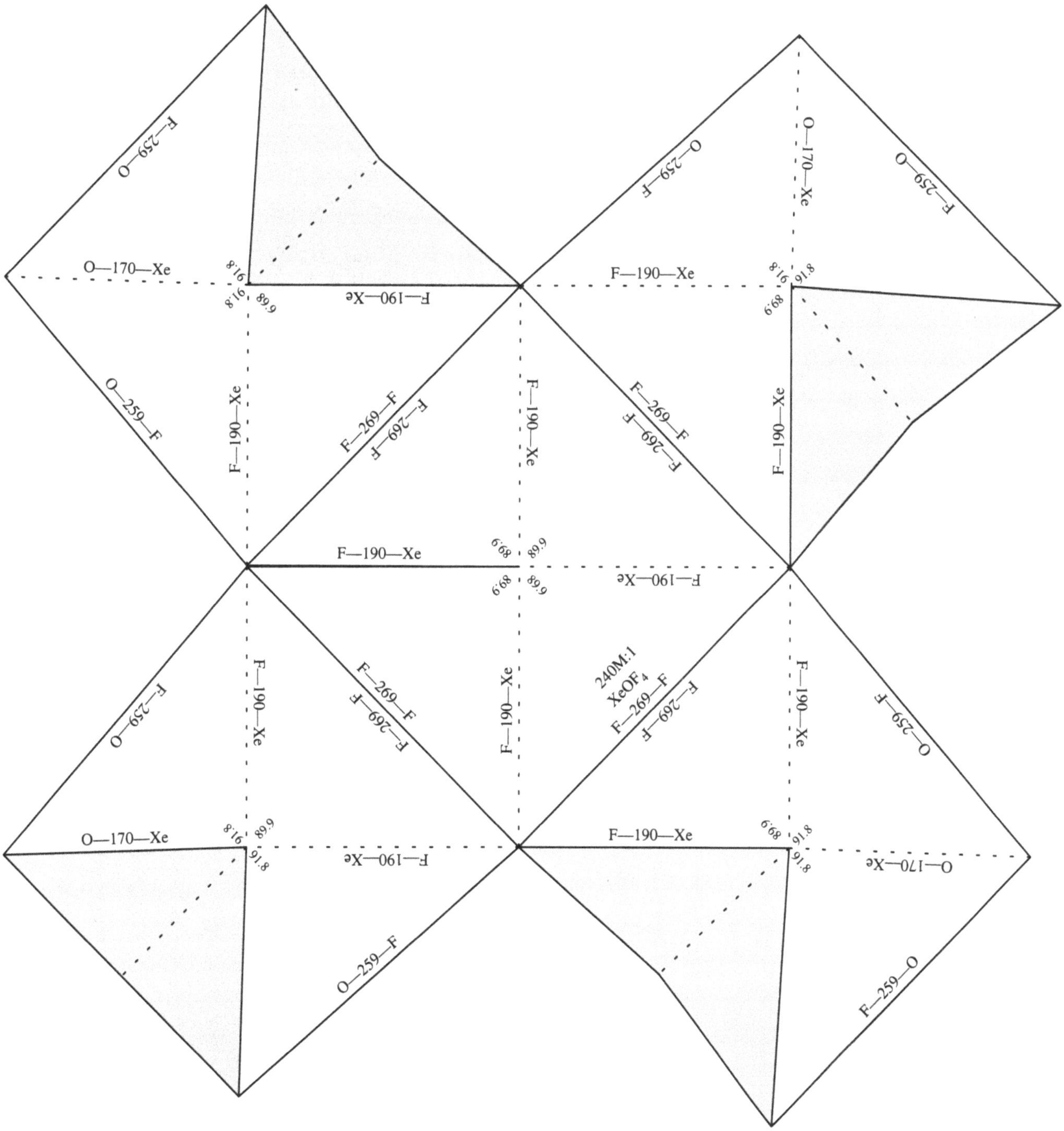

2 Höhere Geometrien 97

2.4 Oktaeder AX_6

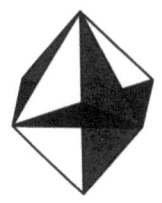

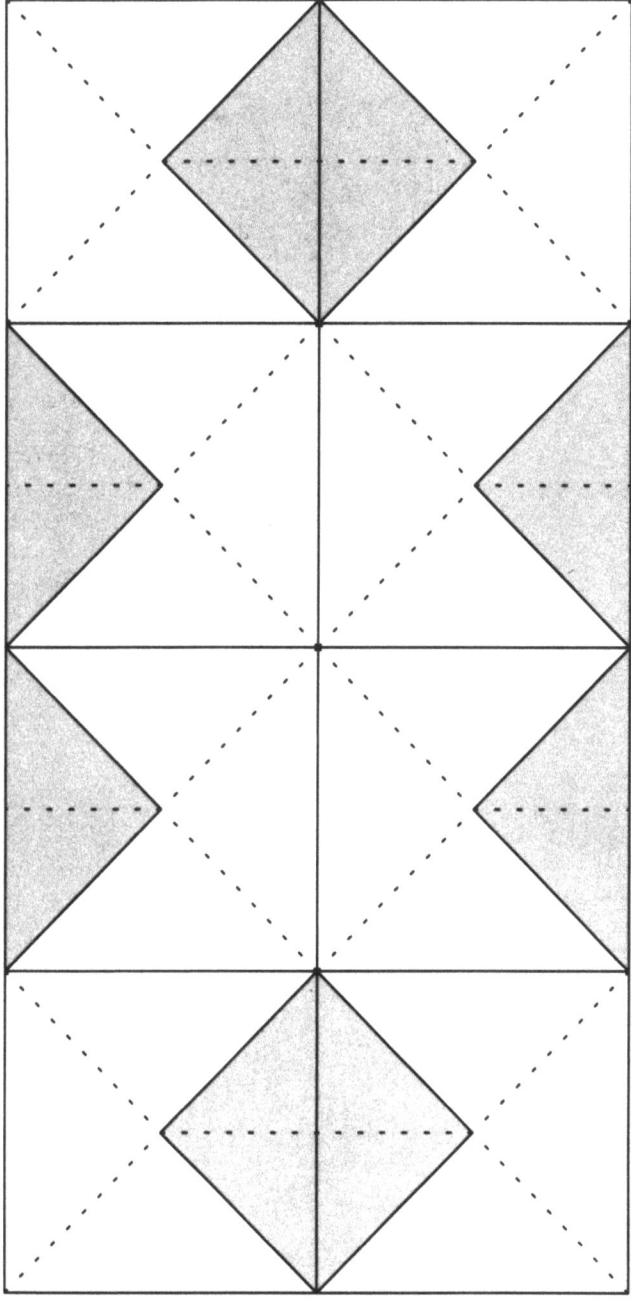

Oktaedrische Moleküle bestehen aus einem Zentralatom, das von sechs äußeren Atomen umgeben ist. In oktaedrischen Molekülen werden Gruppen, die einander gegenüber liegen als *trans* bezeichnet. Gruppen in angrenzenden Positionen werden als *cis* bezeichnet.

Das hier gezeigte Grundmuster wird für SF_6 (Seite 101) benutzt und liefert ein Modell, in dem alle Abstände gleich sind und alle Winkel 90° betragen. Obwohl diese ideale Geometrie für viele Moleküle, besonders in der Gasphase, beobachtet wird, sind viele oktaedrische Moleküle und Ionen nicht so regelmäßig geformt. Beispielsweise betragen in PF_6^-, wie es in $NaPF_6 \cdot H_2O$ (Seite 103) gefunden wird, vier der P-F-Abstände 158 pm, während zwei 173 pm betragen.

Die zwei Modelle in diesem Abschnitt zeigen eine signifikante Größenabnahme entlang einer Periode bei konstanter Elektronenzahl. Die Abnahme bei den X-A-Abständen fügt sich in eine längere Reihe, die verschiedene bekannte Ionen beinhaltet, die hier nicht gefaltet werden: AlF_6^{3-} (181 pm), SiF_6^{2-} (171 pm), PF_6^- (158 pm) und SF_6 (156 pm).

Schwefelhexafluorid   SF₆

Form: oktaedrisch   Einheit: pm   Maßstab: 240.000.000 : 1

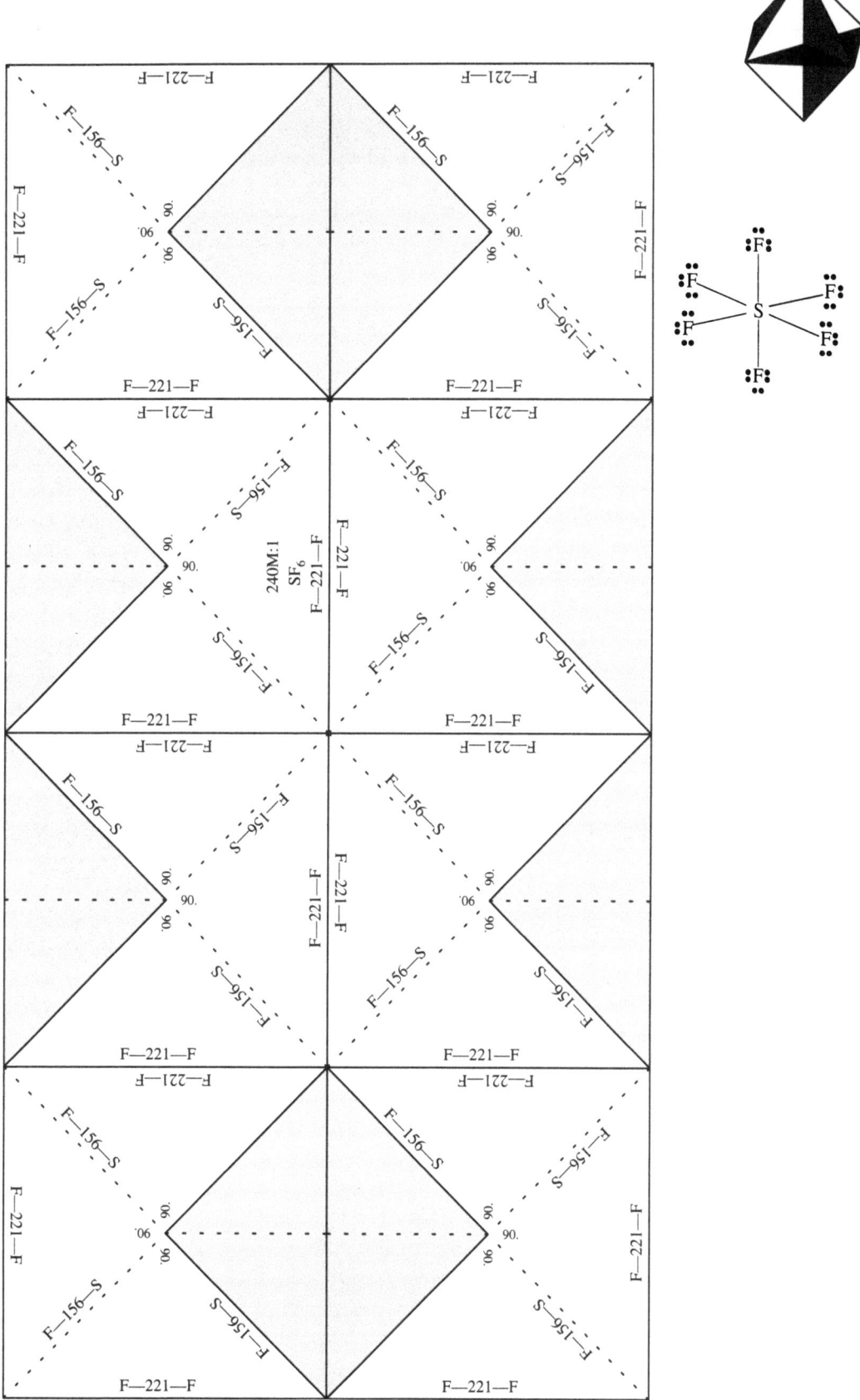

2 Höhere Geometrien   101

Phosphorhexafluorid-Ion (in NaPF$_6$·H$_2$O)   PF$_6^-$

Form: oktaedrisch   Einheit: pm   Maßstab: 240.000.000 : 1

Die Linien in der Mitte werden nicht gefaltet. Kleben Sie beide Teile Rücken an Rücken.

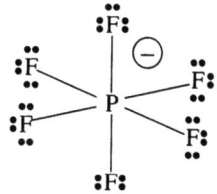

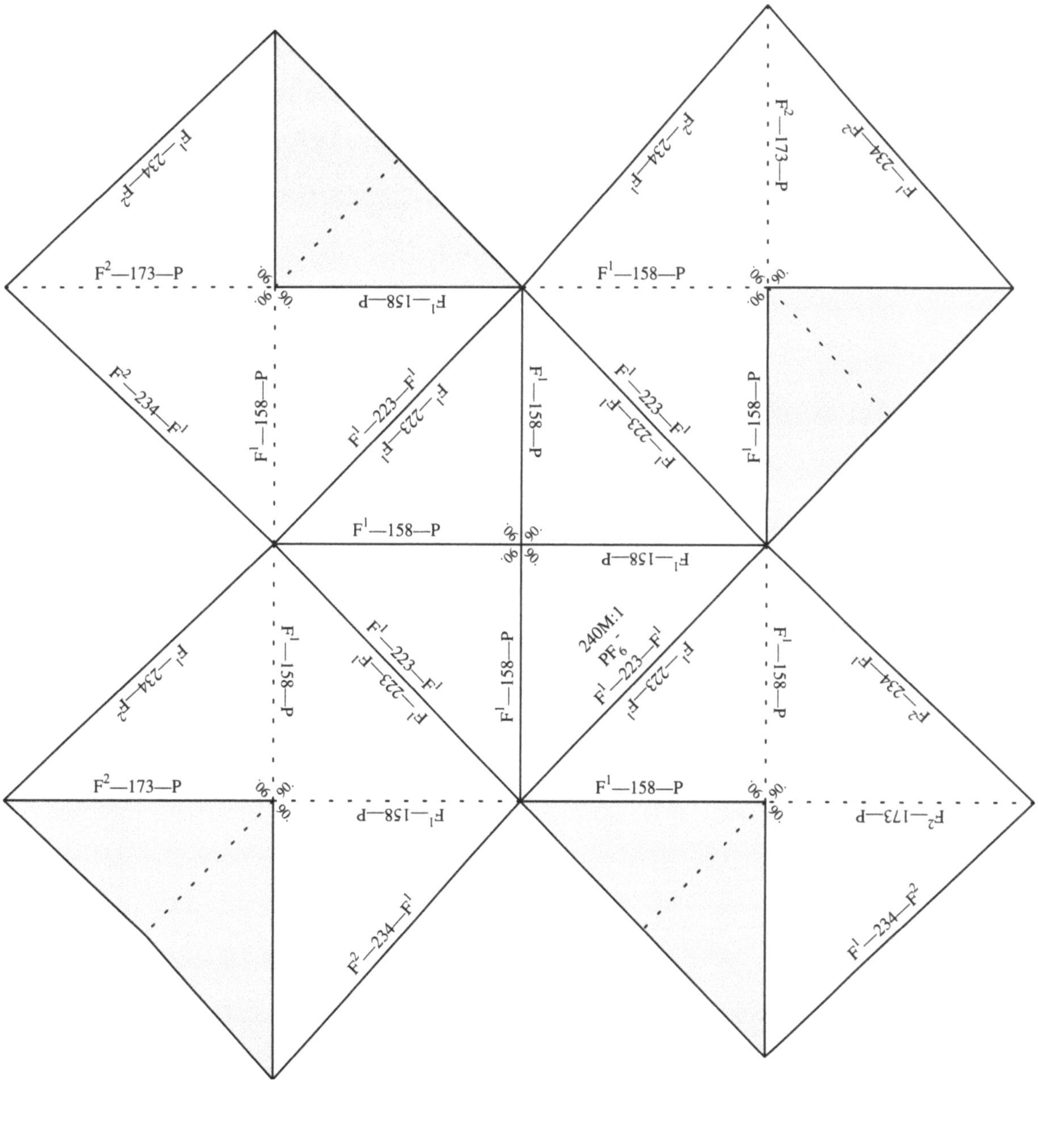

2 Höhere Geometrien

Phosphorhexafluorid-Ion (in NaPF$_6$·H$_2$O)
(zweiter Teil)

PF_6^-

Form: oktaedrisch   Einheit: pm   Maßstab: 240.000.000 : 1

Die Linien in der Mitte werden nicht gefaltet.

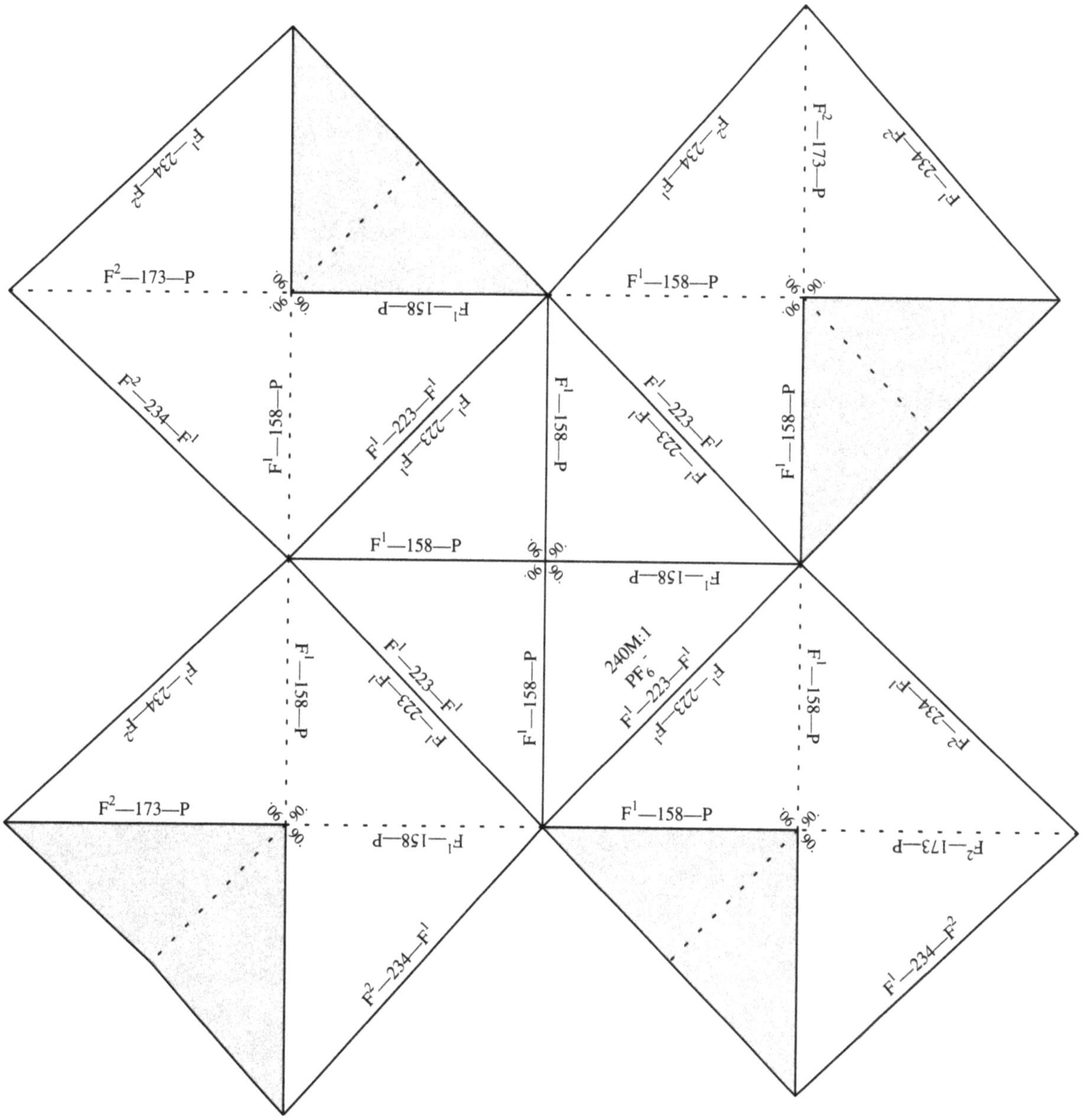

2 Höhere Geometrien 105

3 Über das Oktaeder hinaus

Dieses Kapitel ist das letzte, in dem neue Formen vorgestellt werden. Hier finden Sie sechs der schwierigsten Molekülgeometrien in der Chemie:

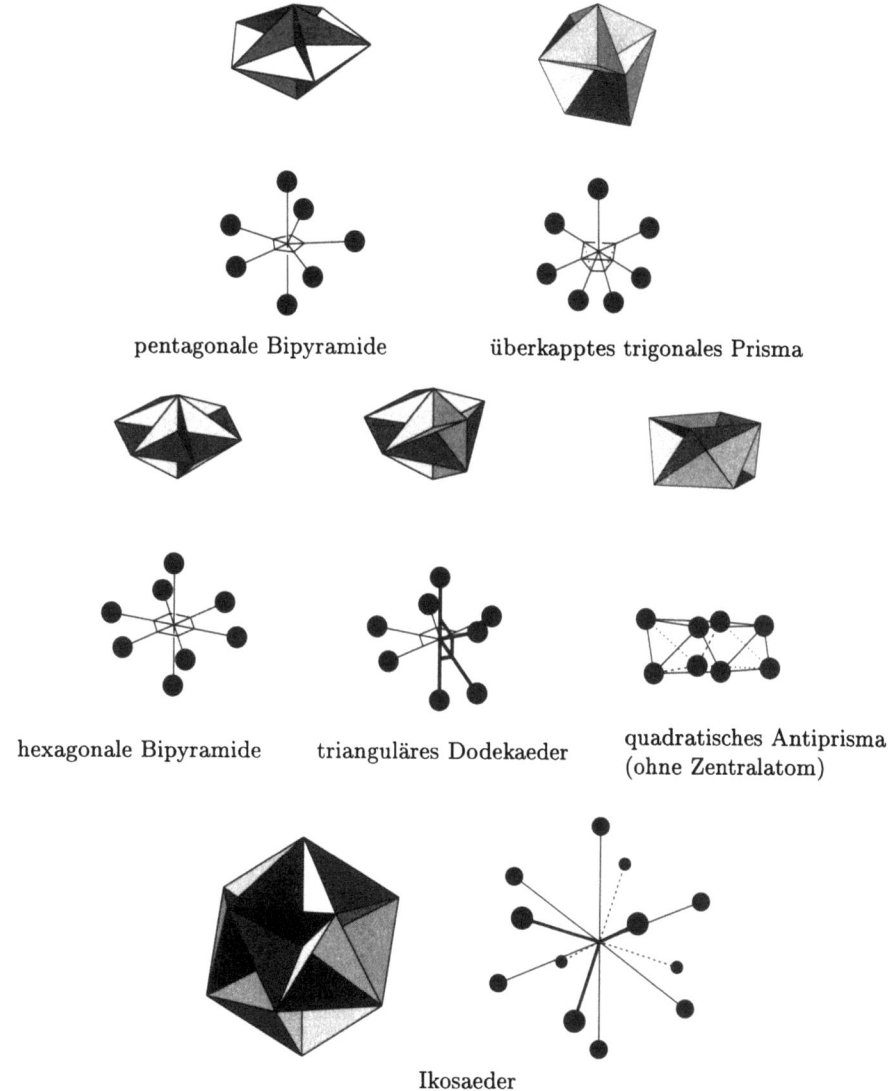

pentagonale Bipyramide überkapptes trigonales Prisma

hexagonale Bipyramide trianguläres Dodekaeder quadratisches Antiprisma (ohne Zentralatom)

Ikosaeder

Ich denke, ein Großteil der Probleme beim Beschreiben dieser Formen resultiert aus unseren eigenen Schwierigkeiten, dreidimensionale Dinge auf dem Papier zu erkennen. Wenn Sie, so wie ich, Probleme damit haben, sich die eine oder andere dieser Figuren vorzustellen, *basteln Sie das Modell*! Ich empfehle, ein „echtes" Molekül zu basteln, damit Sie die leichten Verzerrungen erkennen können, die die Natur ins Spiel bringt.

Auf den ersten Blick scheint zwischen diesen sechs Formen keinerlei Zusammenhang zu bestehen. Nichtsdestotrotz können sie alle mathematisch relativ leicht von einem regulären Oktaeder abgeleitet werden. Wenn man gedanklich versucht, eine der sechs Positionen am Oktaeder aufzuspalten, um ein siebenfach koordiniertes System zu schaffen, gibt es prinzipiell zwei Möglichkeiten:

$\xrightarrow{\text{Spaltung in der Ebene}}$ pentagonale Bipyramide

$\xrightarrow{\text{Spaltung zw. den Atomen}}$ überkapptes trigonales Prisma

Der einzige Unterschied zwischen einer pentagonalen Bipyramide und dem überkappten trigonalen Prisma besteht darin, wie diese eine Position geteilt wird. Für die pentagonale Bipyramide findet die Teilung *in der Ebene* der anderen drei Atome statt. Beim überkappten trigonalen Prisma findet die Aufteilung in der Ebene *zwischen* den anderen Atomen statt. Genauso entsteht ein achtfach-koordiniertes System, wenn zwei gegenüberliegende Positionen eines Oktaeders geteilt werden:

$\xrightarrow{\text{Spaltung in gleicher Ebene}}$ hexagonale Bipyramide

$\xrightarrow{\text{Spaltung in senkr. Ebenen}}$ trianguläres Dodekaeder

Diese beiden Formen werden mathematisch als „trianguläre Dodekaeder" klassifiziert, weil beide, wenn man sie sich als Körper vorstellt, aus zwölf dreieckigen Flächen gebildet werden. Obwohl diese beiden Formen selten sind, werden sie manchmal für ein und dasselbe Molekül oder Ion beobachtet. So liegt ZrF_8^{4-} in $Li_6BeF_4ZrF_8$ (Seite 123) beispielsweise als trianguläres Dodekaeder vor, in $[Cu(H_2O)_6]_2ZrF_8$ (Seite 127) dagegen nimmt es die Form eines quadratischen Antiprismas ein. Offensichtlich ist der energetische Unterschied zwischen beiden Formen sehr gering. Tatsächlich sind das trianguläre Dodekaeder und das quadratische Antiprisma nur einfach „verdrehte" Formen voneinander. Der einzige Unterschied besteht in einer kleinen Drehung zweier verschiedener vieratomiger Gruppen:

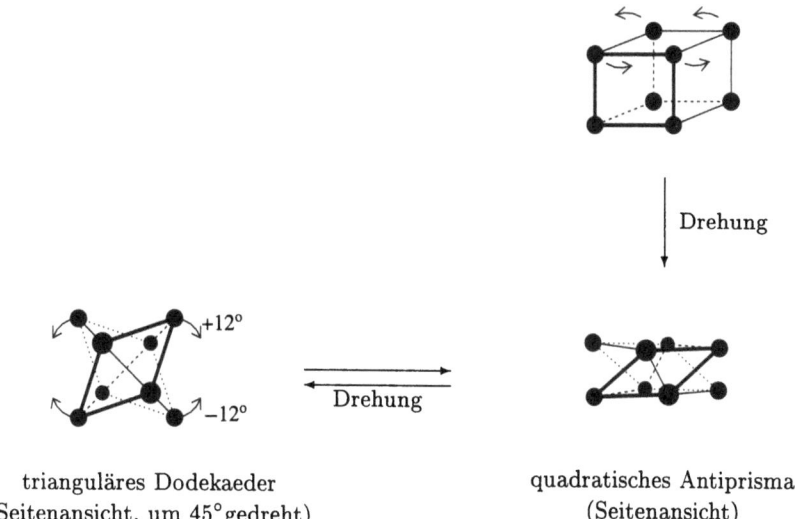

triguläres Dodekaeder
(Seitenansicht, um 45° gedreht)

quadratisches Antiprisma
(Seitenansicht)

Das Ikosaeder entsteht schließlich durch das Aufspalten aller sechs Positionen. Die einander gegenüberliegenden Atome werden dabei jeweils in unterschiedlichen Ebenen geteilt:

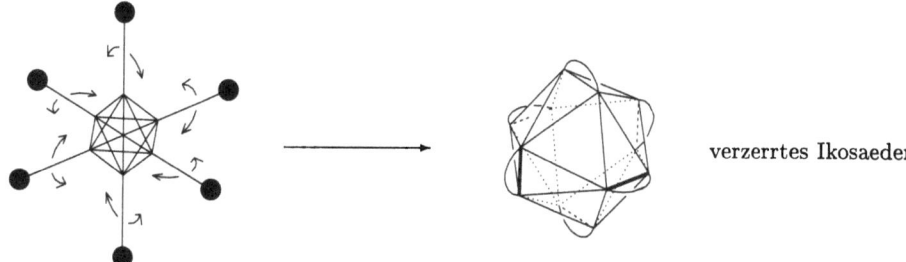

verzerrtes Ikosaeder

In Abhängigkeit davon, wieviele Positionen aufgeteilt werden, kann das Ikosaeder verzerrt sein. Nirgends ist diese Verzerrung offensichtlicher als in $Ce(NO_3)_6^{3-}$ (Seite 135), aber auch im ikosaedrischen $B_{12}H_{12}^{2-}$ Ion (Seite 151) ist sie erkennbar.

Wenn man das „Aufspalten" weiter fortsetzt und alle zwölf Scheitelpunkte des Ikosaeders fünfmal spaltet, erhält man eine Form, die als „abgestumpftes Ikosaeder" bezeichnet wird. Ein Beispiel dafür ist das Buckminsterfulleren, C_{60} (Seite 155).

Heptafluorouranat(IV)-Ion (in K$_3$UF$_7$)   UF$_7^{3-}$

Form: pentagonal-bipyramidal   Einheit: pm   Maßstab: 180.000.000 : 1

Dies ist der obere Teil.

3 Über das Oktaeder hinaus

Heptafluorouranat(IV)-Ion (unterer Teil) UF_7^{3-}

Form: pentagonal-bipyramidal   Einheit: pm   Maßstab: 180.000.000 : 1

Dies ist der untere Teil. Die Linien in der Mitte werden geknifft. Legen Sie die 262-pm-Kanten der Teile beim Zusammensetzen aufeinander.

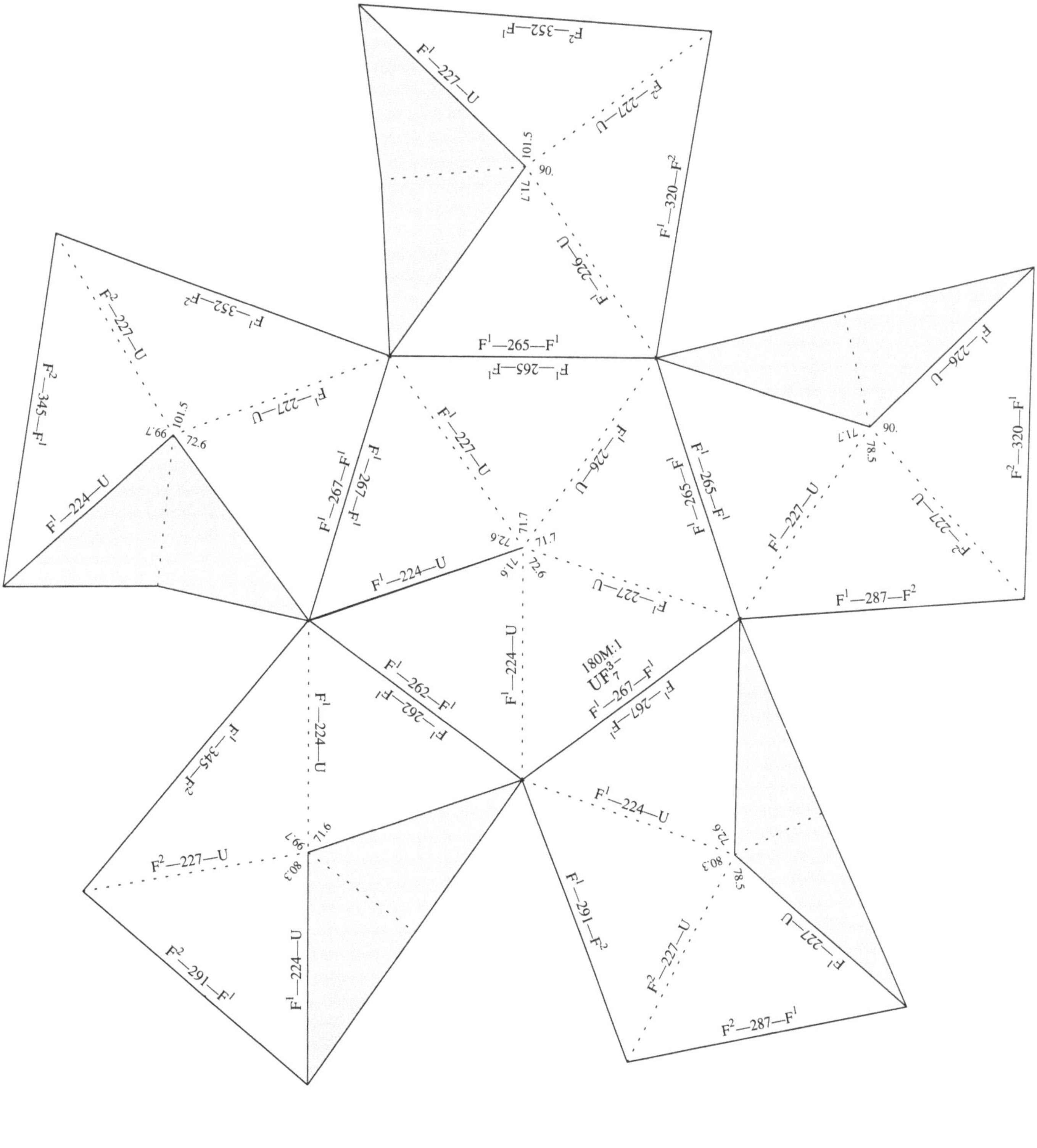

3 Über das Oktaeder hinaus

Heptafluoroniobat(V)-Ion (in K₂NbF₇) $\quad$ NbF$_7^{2-}$

Form: überkappt trigonal-prismatisch $\quad$ Einheit: pm $\quad$ Maßstab: 180.000.000 : 1

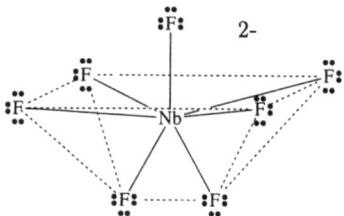

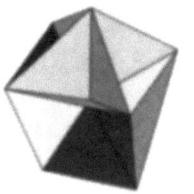

Dies ist das Prisma.
F^1 und F^3 befinden sich unten.

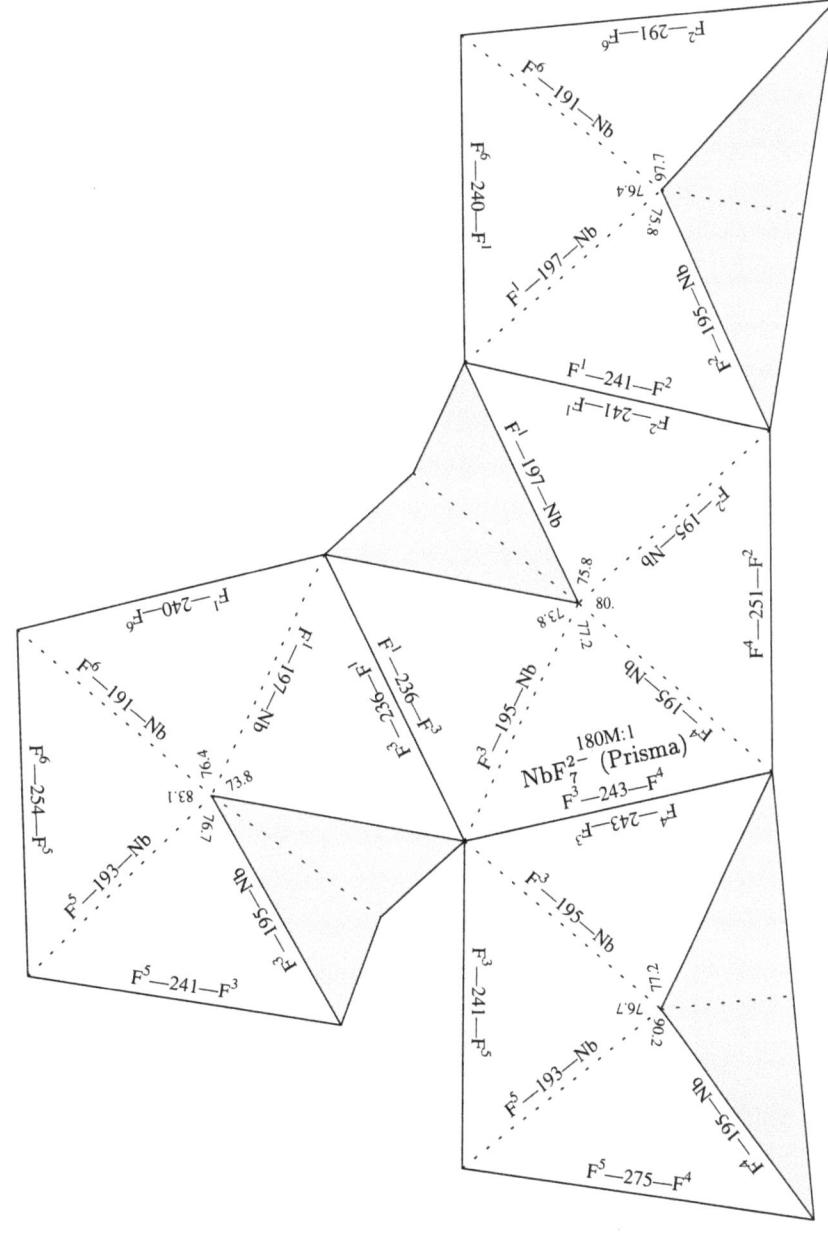

3 Über das Oktaeder hinaus

Heptafluoroniobat(V)-Ion („Kappe") NbF_7^{2-}

Form: überkappt trigonal-prismatisch   Einheit: pm   Maßstab: 180.000.000 : 1

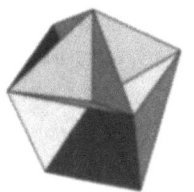

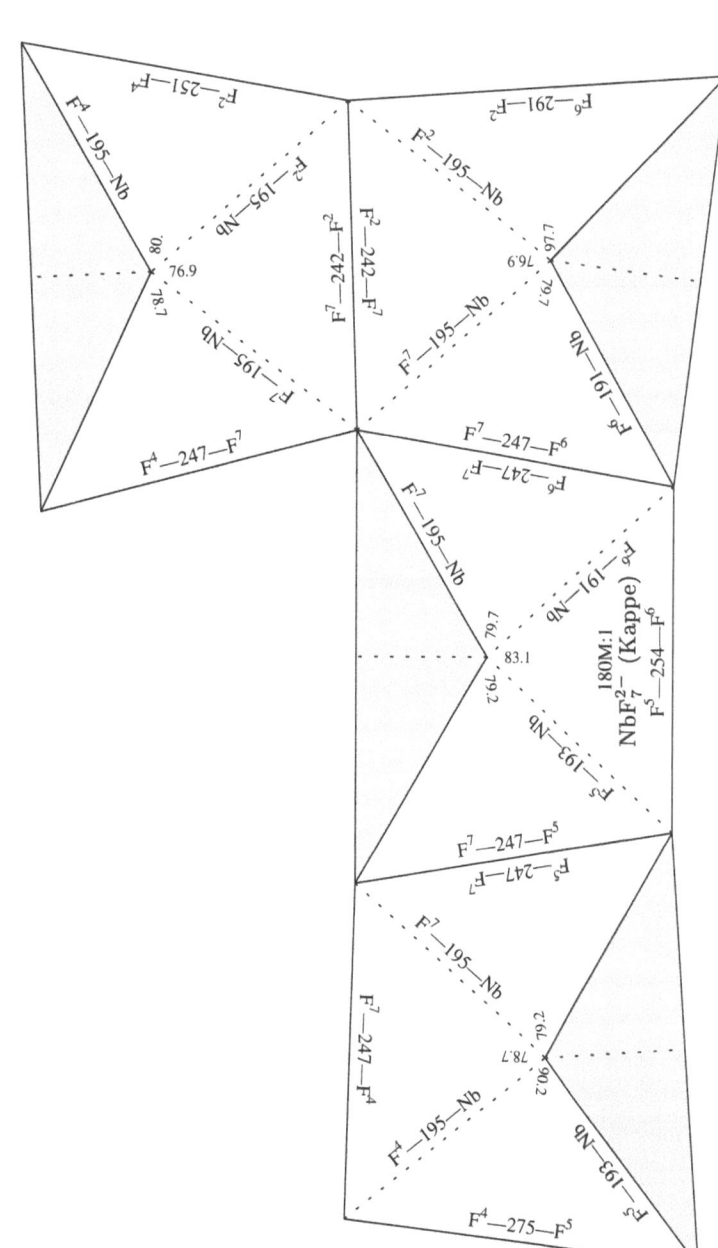

Dies ist die „Kappe".
F^7 ist das „Kappenatom".

Uranylnitrat-Ion (in RbUO₂(NO₃)₃) $UO_2(NO_3)_3^-$

Form: hexagonal-bipyramidal Einheit: pm Maßstab: 180.000.000 : 1

Dies ist der vordere Teil. O^2 steht axial. Falten Sie den NO_3^--Teil (kleines Modell) in der Mitte, und verbinden Sie die gefaltete Kante über die kurze (216 pm)-O^1-O^1-Kante mit dem Hauptteil.

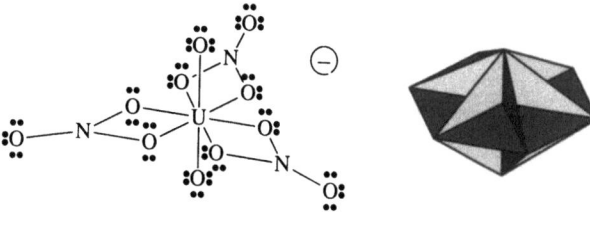

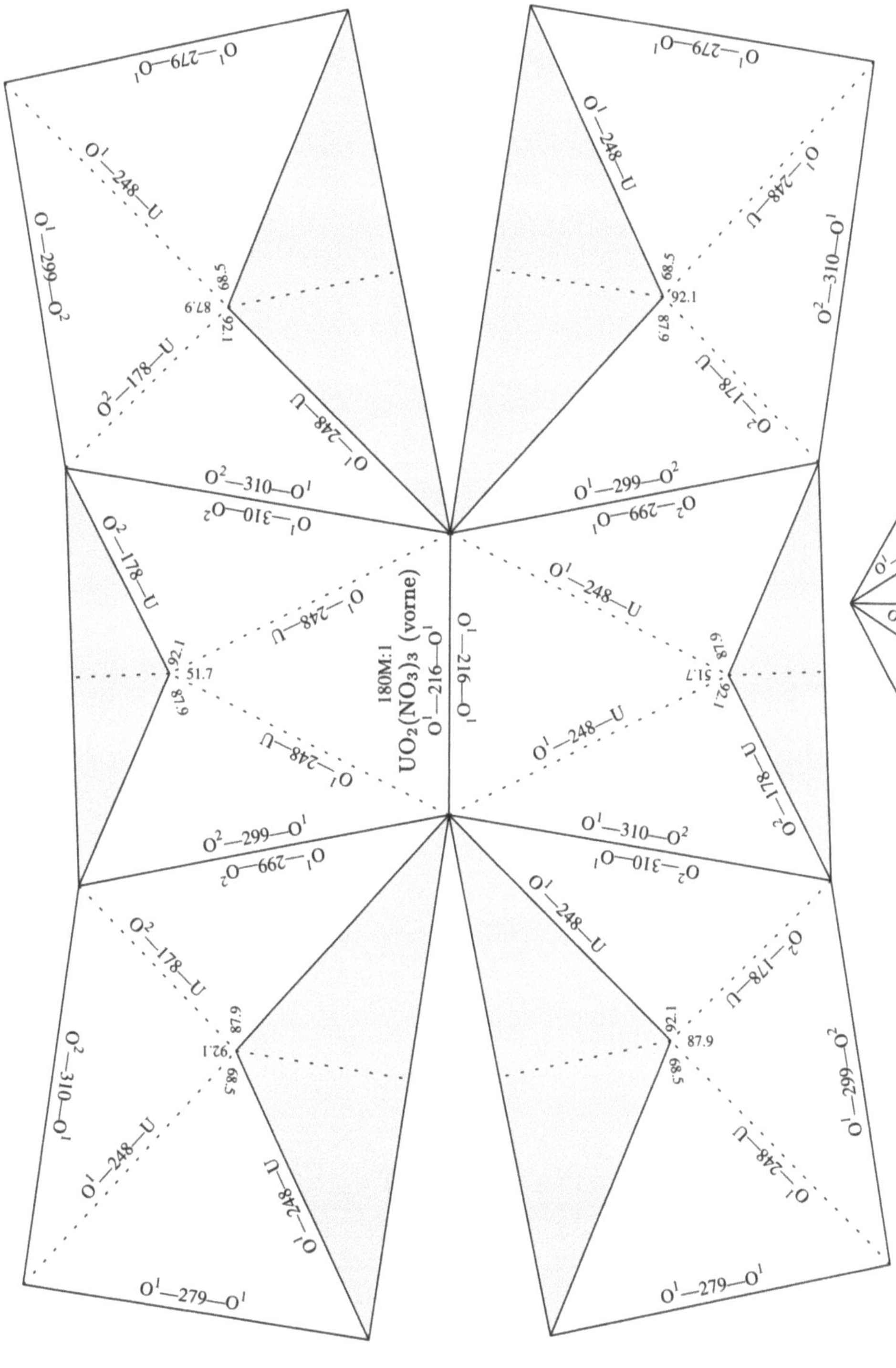

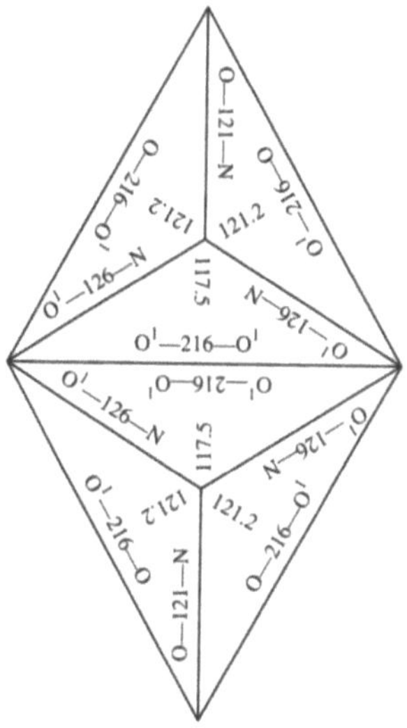

3 Über das Oktaeder hinaus

Uranylnitrat-Ion (hinterer Teil) $UO_2(NO_3)_3^-$

Form: hexagonal-bipyramidal Einheit: pm Maßstab: 180.000.000 : 1

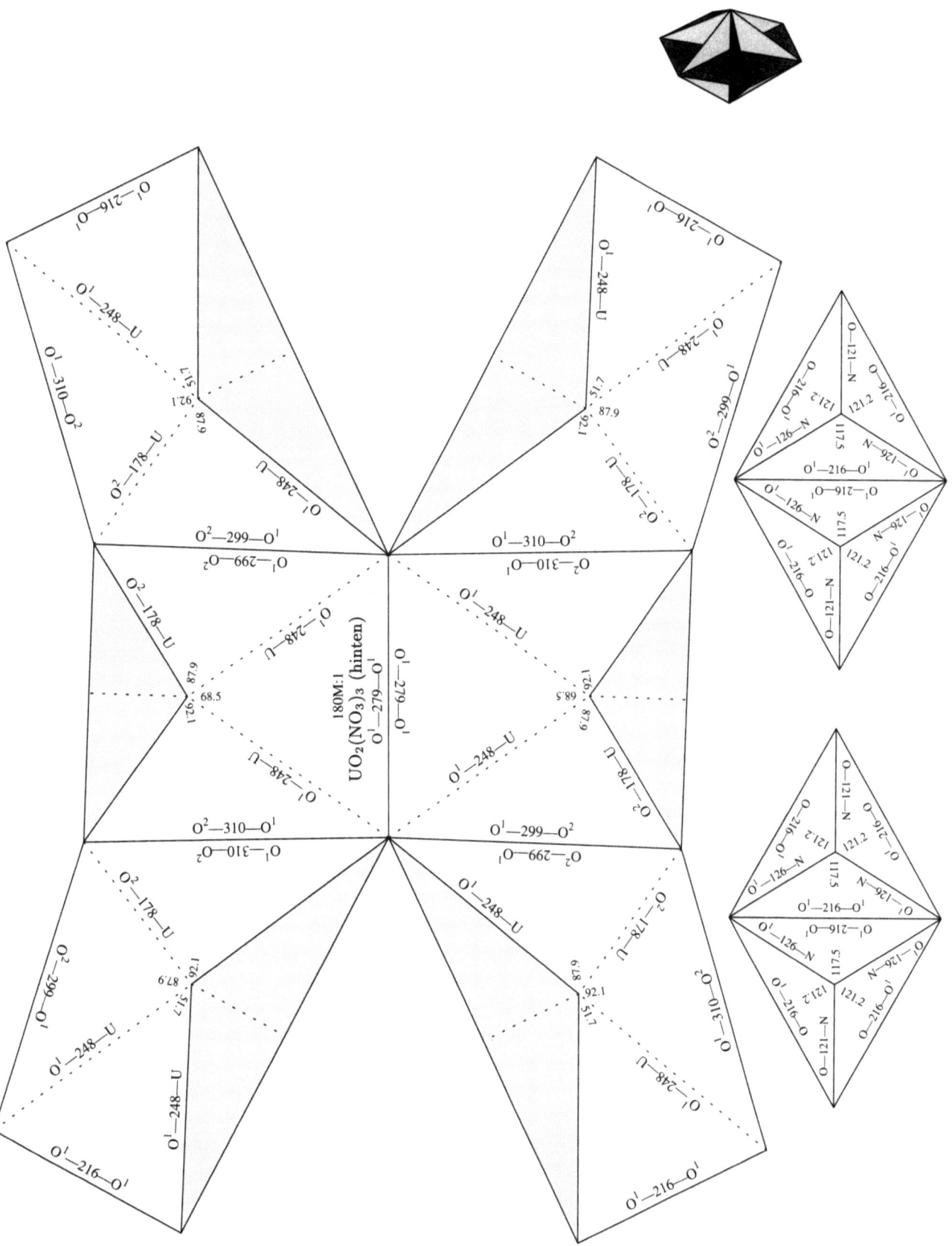

3 Über das Oktaeder hinaus 121

Oktafluorozirconat(IV)-Ion (in $Li_6BeF_4ZrF_8$) ZrF_8^{4-}

Form: trianguär-dodekaedrisch   Einheit: pm   Maßstab: 180.000.000 : 1

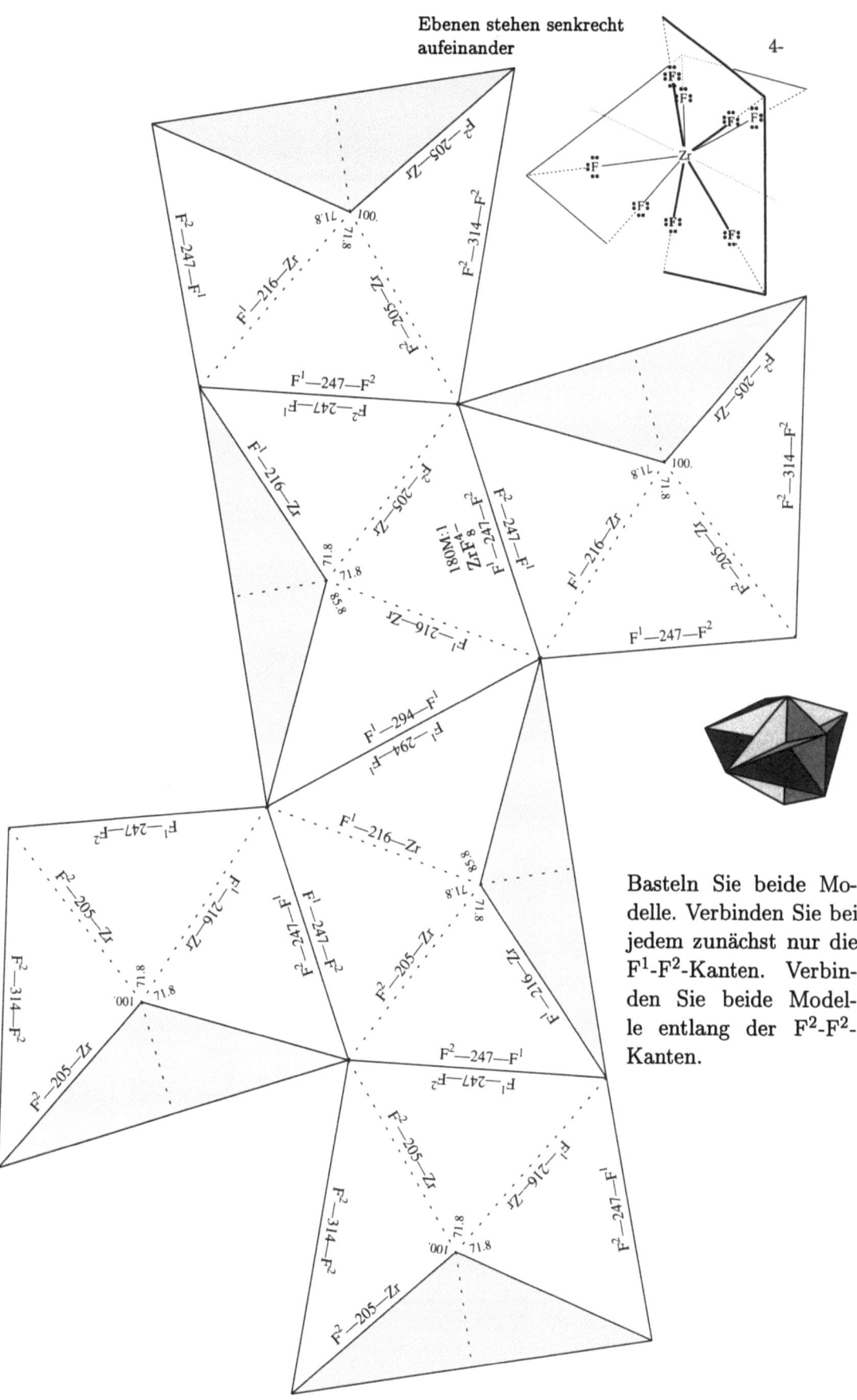

Basteln Sie beide Modelle. Verbinden Sie bei jedem zunächst nur die F^1-F^2-Kanten. Verbinden Sie beide Modelle entlang der F^2-F^2-Kanten.

3 Über das Oktaeder hinaus

Oktafluorozirconat(IV)-Ion (zweiter Teil) $\quad$ ZrF$_8^{4-}$

Form: triangulär-dodekaedrisch $\qquad$ Einheit: pm $\qquad$ Maßstab: 180.000.000 : 1

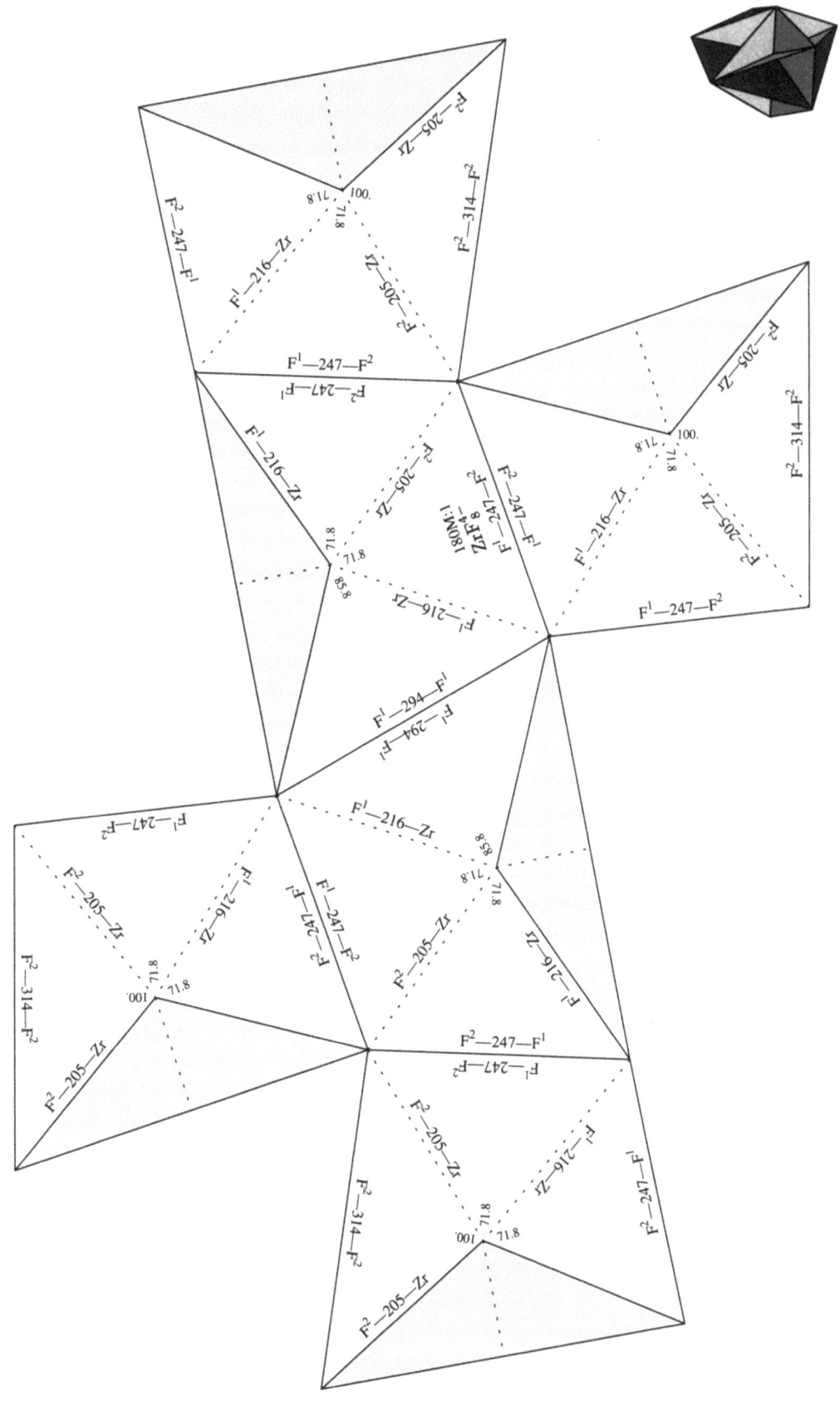

3 Über das Oktaeder hinaus   125

Oktafluorozirconat(IV)-Ion (in $[Cu(H_2O)_6]_2ZrF_8$) ZrF_8^{4-}

Form: quadratisch-antiprismatisch   Einheit: pm   Maßstab: 180.000.000 : 1

Dies ist der obere Teil.

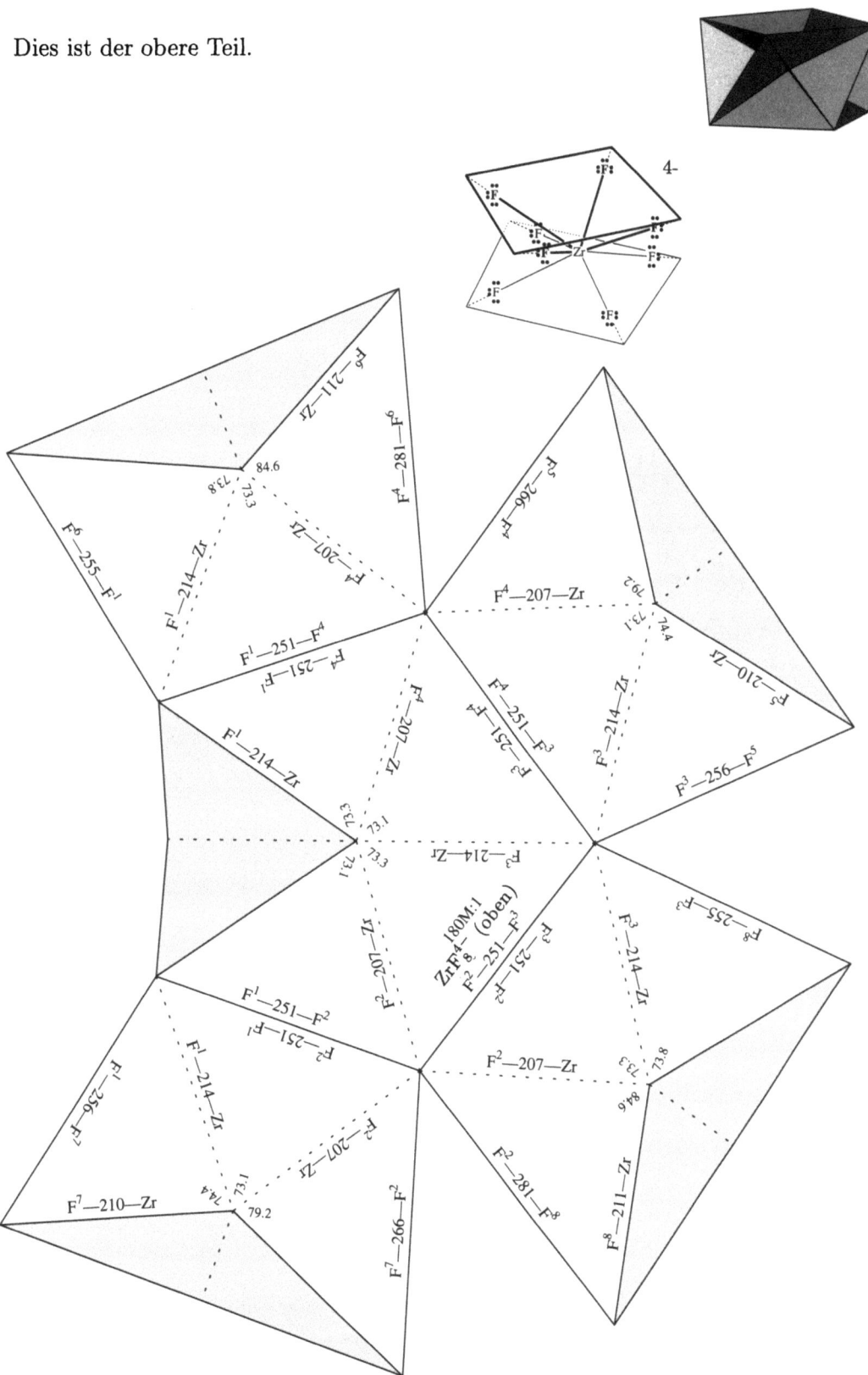

Oktafluorozirconat(IV)-Ion (unterer Teil) ZrF_8^{4-}

Form: quadratisch-antiprismatisch Einheit: pm Maßstab: 180.000.000 : 1

Kleben Sie diesen Teil mit dem oberen zusammen, indem Sie die äußeren Flächen verdreht ineinanderstecken.

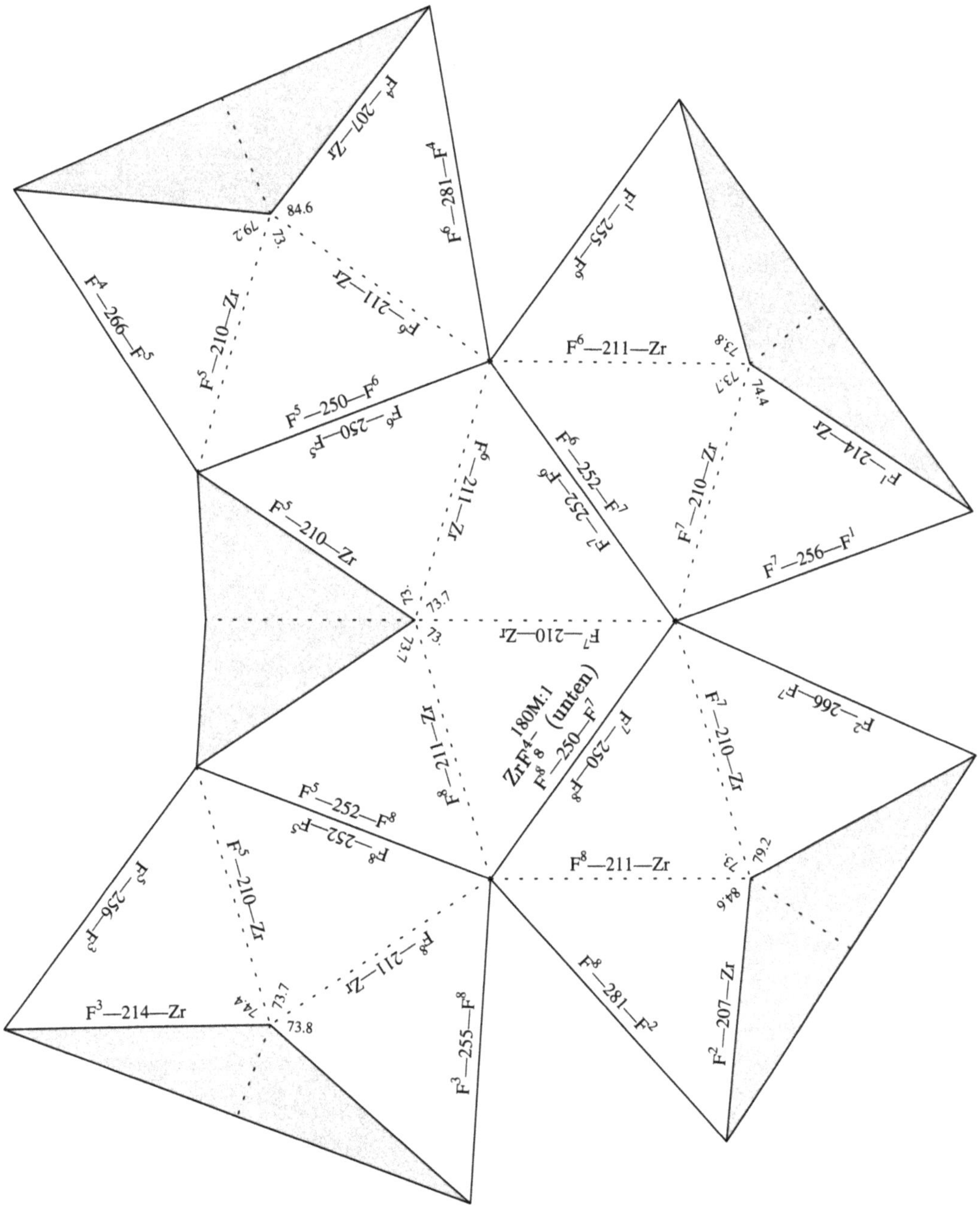

Oktafluoroxenat(VI)-Ion (in $(NO)_2XeF_8$) XeF_8^{2-}

Form: quadratisch-antiprismatisch   Einheit: pm   Maßstab: 180.000.000 : 1

Dies ist der obere Teil.

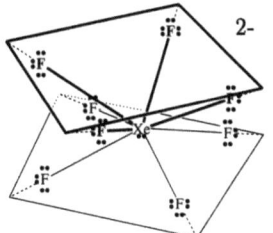

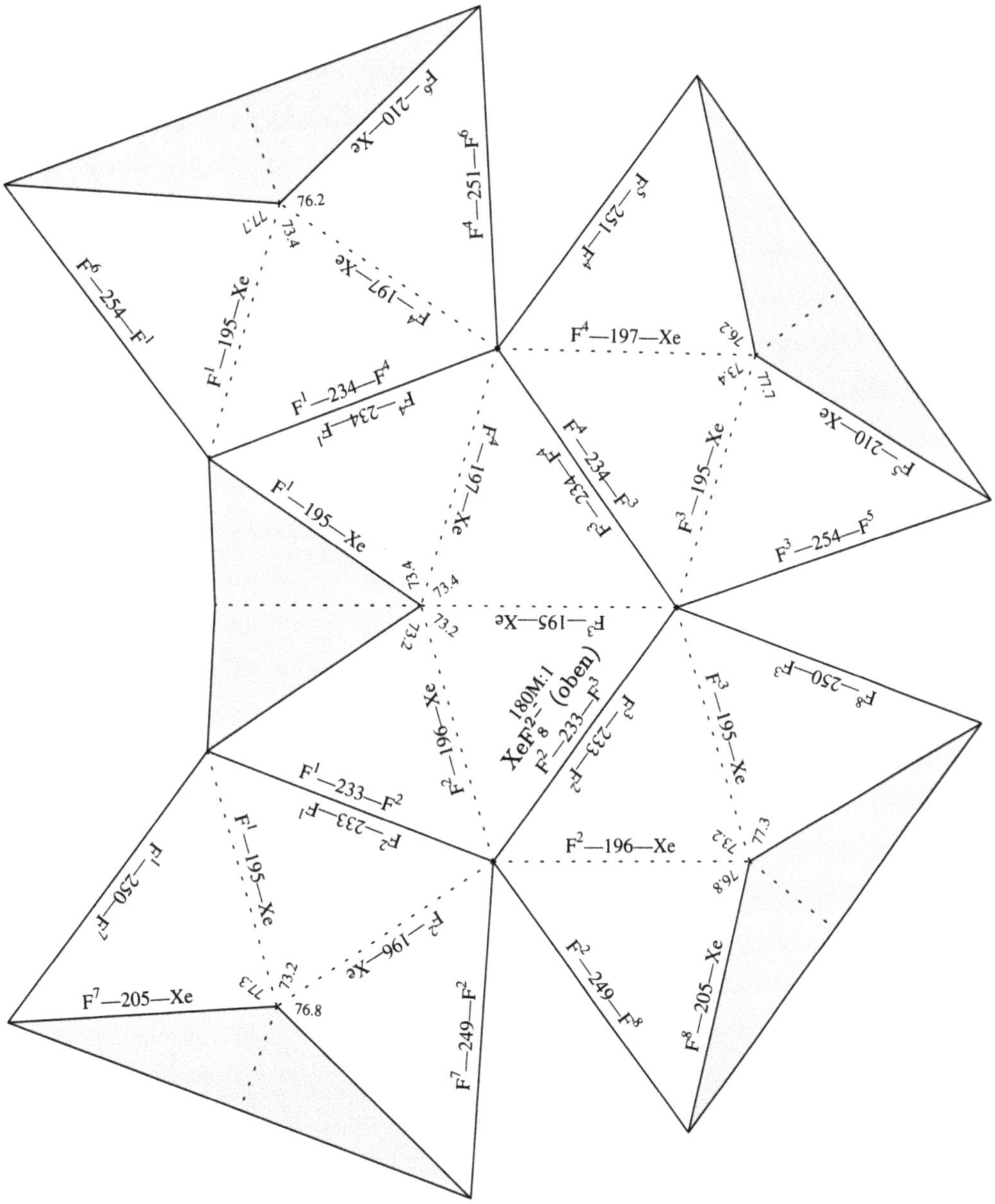

3 Über das Oktaeder hinaus

Oktafluoroxenat(VI)-Ion (unterer Teil) $\qquad$ XeF_8^{2-}

Form: quadratisch-antiprismatisch $\qquad$ Einheit: pm $\qquad$ Maßstab: 180.000.000 : 1

Kleben Sie diesen mit dem oberen Teil zusammen, indem Sie die äußeren Flächen verdreht ineinanderstecken.

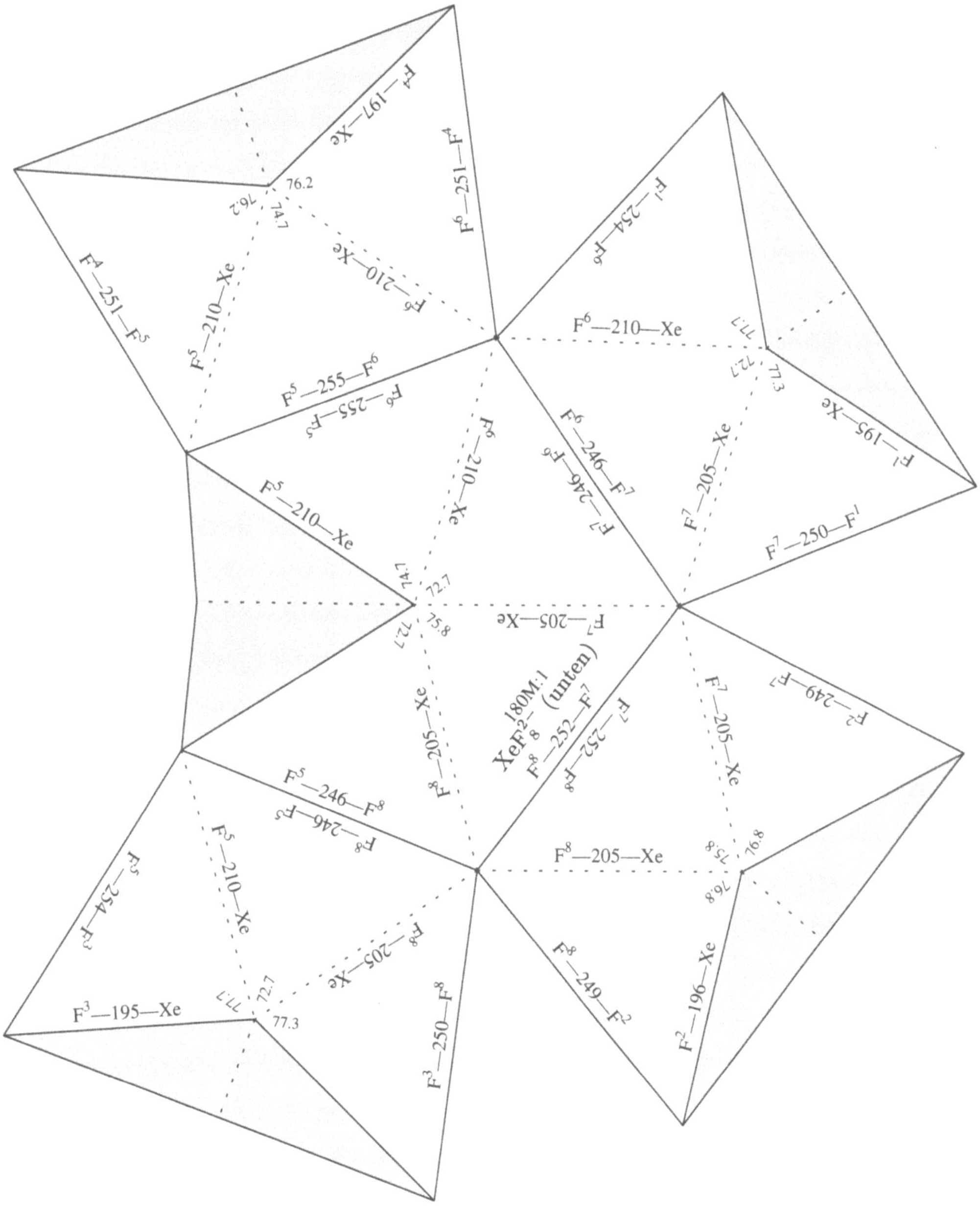

3 Über das Oktaeder hinaus

Hexanitrocerat(III)-Ion in $[Mg(H_2O)_6]_3[Ce(NO_3)_6]_2 \cdot 6H_2O$

$Ce(NO_3)_6^{3-}$

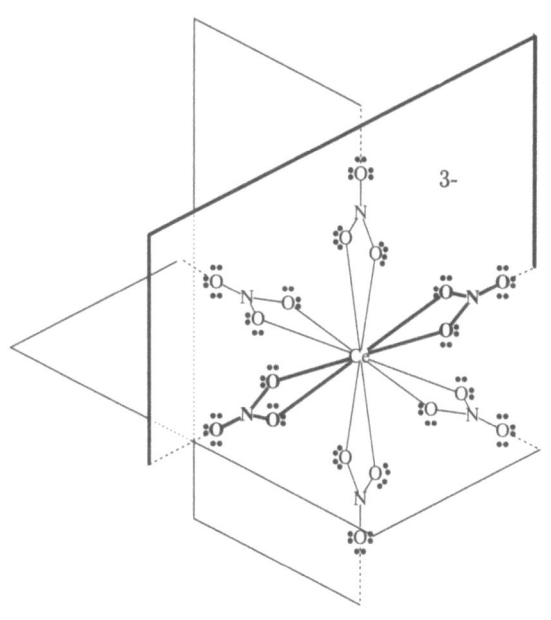

von vorn

Die „Falze" an diesen Modellen stellen NO_3^--Gruppen dar. Beachten Sie, daß die Vorder- und Rückseiten dieses Ions nicht identisch sind. Sie verhalten sich (fast) spiegelbildlich zueinander. Obwohl jede Hälfte die Form einer Windmühle hat, würden sie sich zusammengesetzt nicht drehen.

von hinten

3 Über das Oktaeder hinaus

Hexanitrocerat(III)-Ion
(vorderer- und hinterer Teil)

$Ce(NO_3)_6^{3-}$

Form: ikosaedrisch   Einheit: pm   Maßstab: 125.000.000 : 1

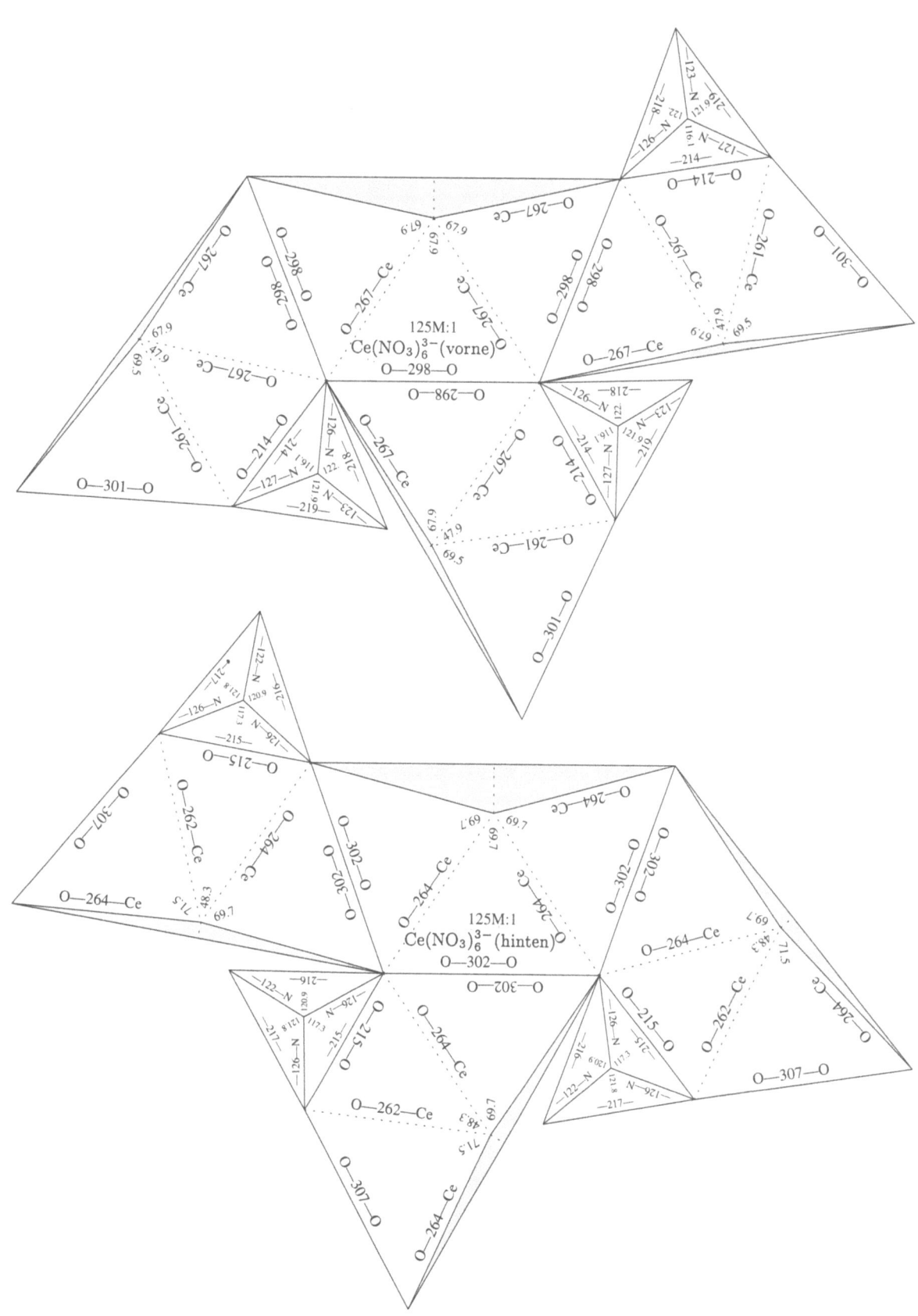

3 Über das Oktaeder hinaus   137

Hexanitrocerat(III)-Ion (Seiten) $\quad Ce(NO_3)_6^{3-}$

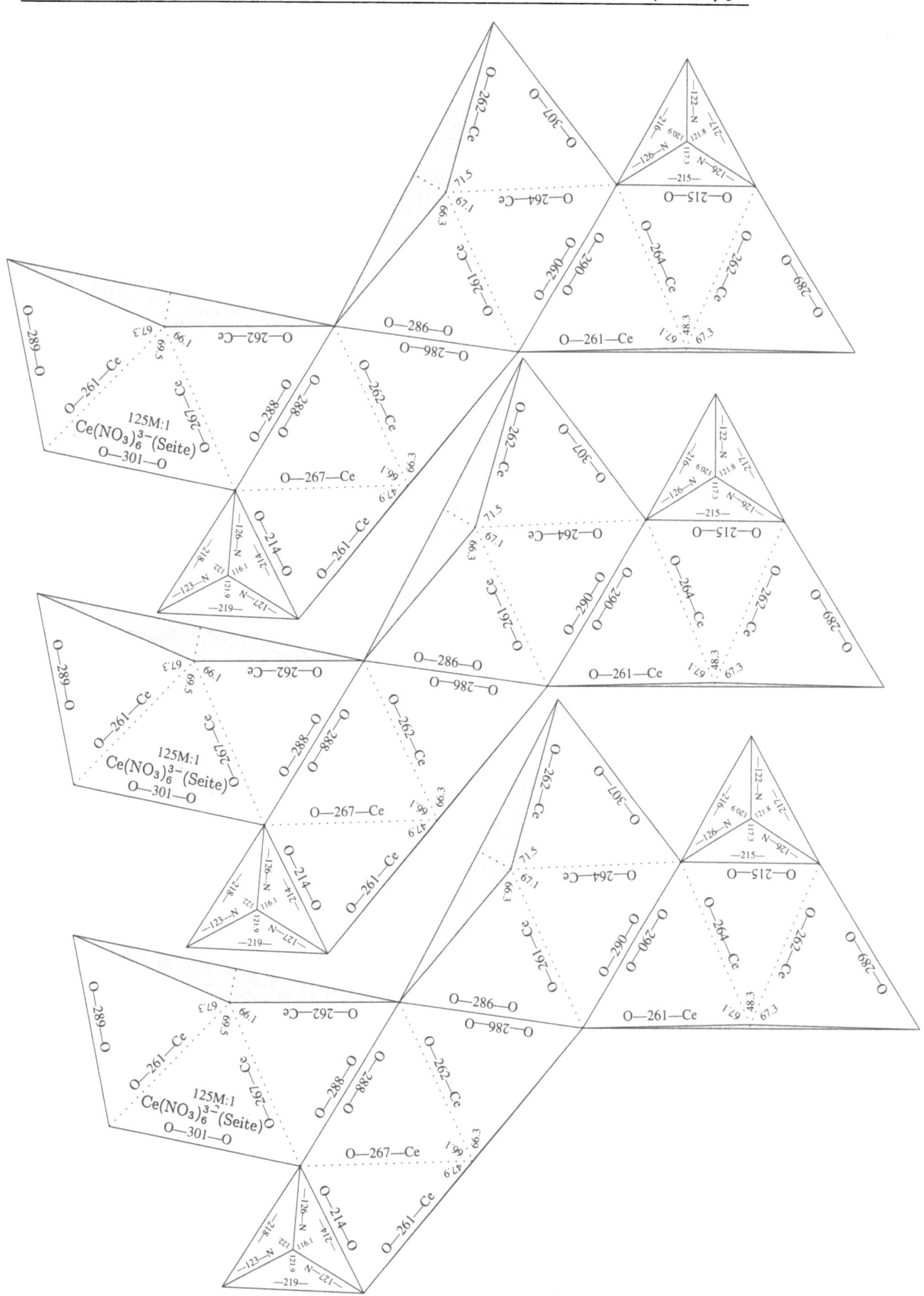

3 Über das Oktaeder hinaus

4 Weitere komplizierte Moleküle und Ionen

Dieses Kapitel des „Molekül-Origami" konzentriert sich auf Moleküle, die durch Kombination von zwei oder mehr „Zentralatomen" gebildet werden. Es gibt natürlich unzählige Möglichkeiten, aber fünf wichtige Arten der „Verknüpfung" sind:

- **Verketten.** Hier wird das Zentralatom einer Einheit zum äußeren Atom einer anderen. Modellvorlagen für drei solcher Moleküle, $BH_3 \cdot PF_3$ (Seite 43), CH_3CH_3 (Seite 49) und CH_3NH_2 (Seite 17 u. 53) befinden sich in Kapitel 1.

- **Verknüpfung über gemeinsame Kanten.** Eine übliche Methode, mit der Elektronenmangel-Moleküle ihre Valenz auffüllen, ist das Teilen von zwei Atomen mit einem anderen Molekül. B_2H_6 (Seite 143) ist ein Dimer, das diese Art der Verknüpfung über eine gemeinsame Kante demonstriert.

- **Verknüpfung über gemeinsame Flächen.** Viele anorganische Moleküle und Ionen enthalten Oktaeder, die Flächen (drei äußere Atome) miteinander teilen. $Fe_2(CO)_9$ (Seite 145) zeigt, welche Verzerrungen auftreten können, wenn sich zwei Oktaeder eine Fläche teilen.

- **Clusterbildung.** Dies ist eigentlich nur ein „hochgestochener" Ausdruck für das Verketten, primär in anorganischen Systemen. Cluster sind Moleküle, die aus einer Gruppe von mindestens drei direkt miteinander verbundenen „Hauptatomen" bestehen, von denen keines als „Zentralatom" fungiert. Die vorliegenden Modellvorlagen konzentrieren sich auf diese Hauptatome im Cluster. Zu ihnen zählen P_4 (Seite 149), $B_{12}H_{12}^{2-}$ (Seite 151) und C_{60} (Seite 155).

- **Verknüpfung über gemeinsame Ecken.** Bei dieser Methode verbindet ein äußeres Atom zwei Zentralatome. Ein schönes Beispiel liefert Quarz, der ein ausgedehntes Netzwerk bildet. Kapitel 5 beschäftigt sich mit Quarz.

Schlagen Sie in der Einleitung noch mal die Tips zum Zusammenfügen der einzelnen Einheiten nach!

Diboran

B₂H₆

Form: kanten-verknüpfte Tetraeder   Einheit: pm   Maßstab: 300.000.000 : 1

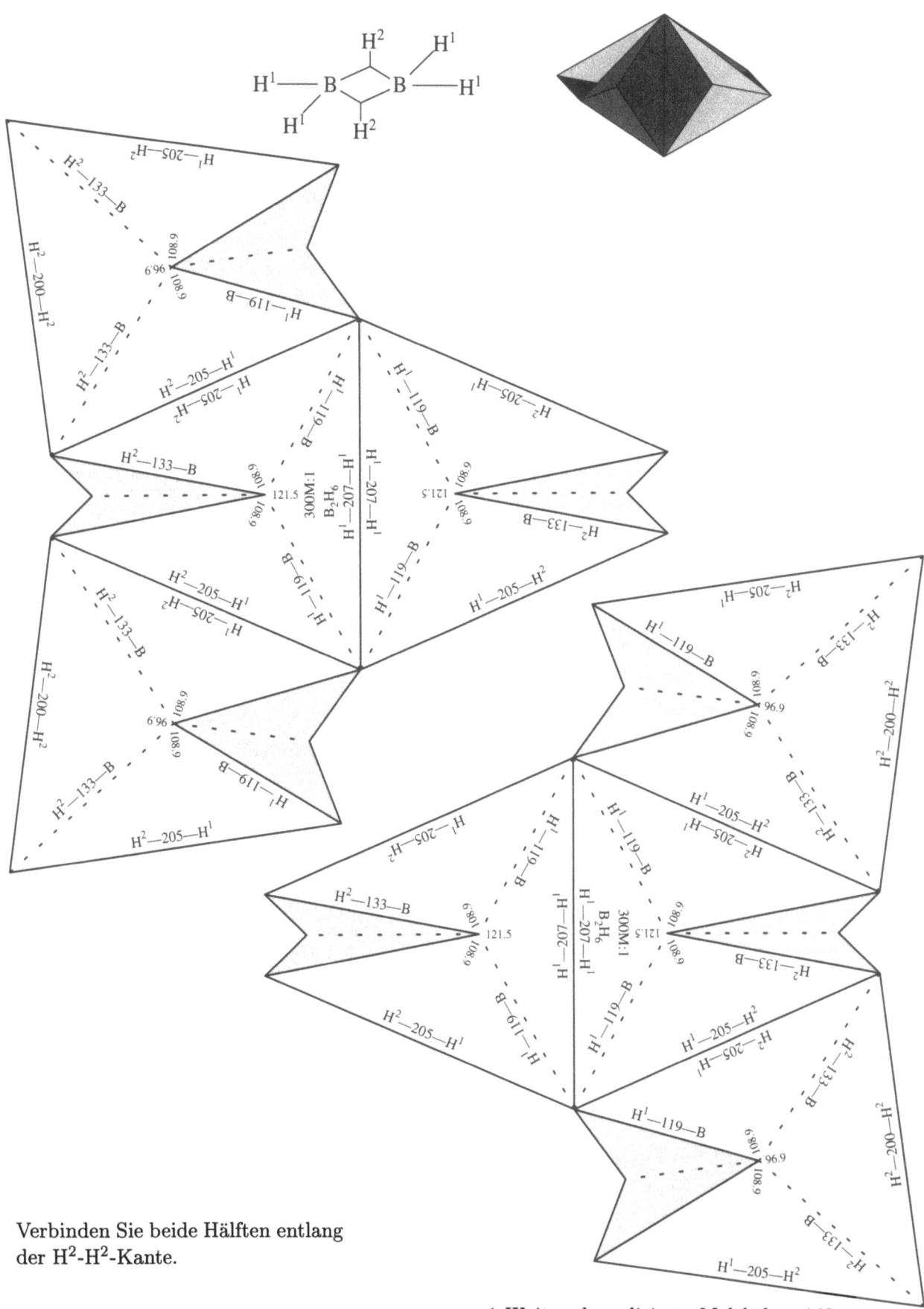

Verbinden Sie beide Hälften entlang der H²-H²-Kante.

4 Weitere komplizierte Moleküle 143

Dieisennonacarbonyl   Fe$_2$(CO)$_9$

Form: flächen-verknüpfte Oktaeder   Einheit: pm   Maßstab: 200.000.000 : 1

Es werden zwei Modellvorlagen benötigt.

4 Weitere komplizierte Moleküle

Dieisennonacarbonyl (zweiter Teil)   Fe$_2$(CO)$_9$

Form: flächen-verknüpfte Oktaeder   Einheit: pm   Maßstab: 200.000.000 : 1

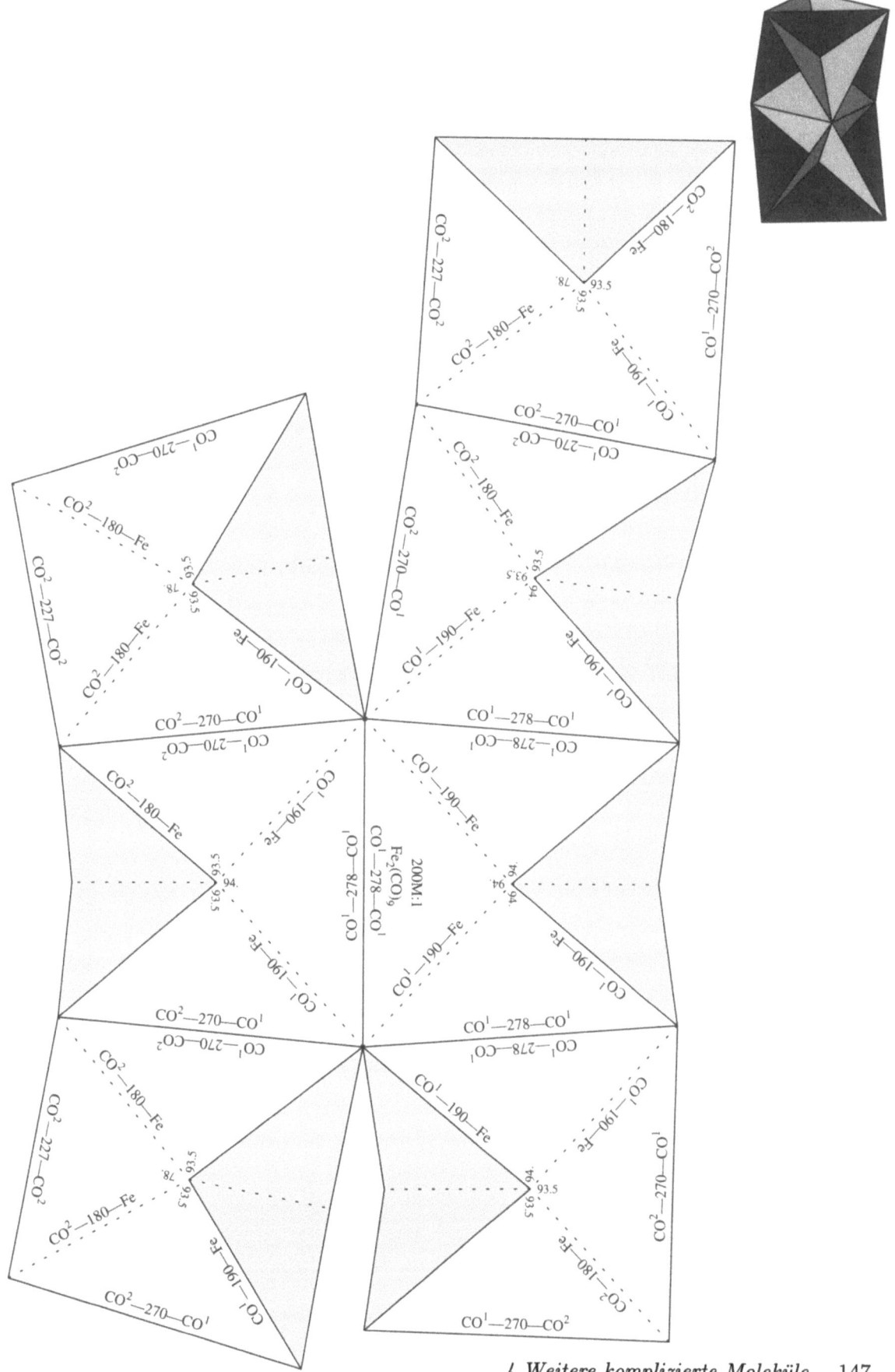

4 Weitere komplizierte Moleküle

Phosphor(weiß) P_4

Form: tetraedrischer Cluster   Einheit: pm   Maßstab: 300.000.000 : 1

Die unteren zwei grauen Dreiecke sind Falze, die in die Taschen geschoben werden, die von den oberen drei grauen Dreiecken gebildet werden.

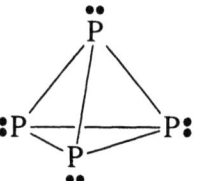
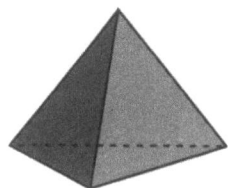

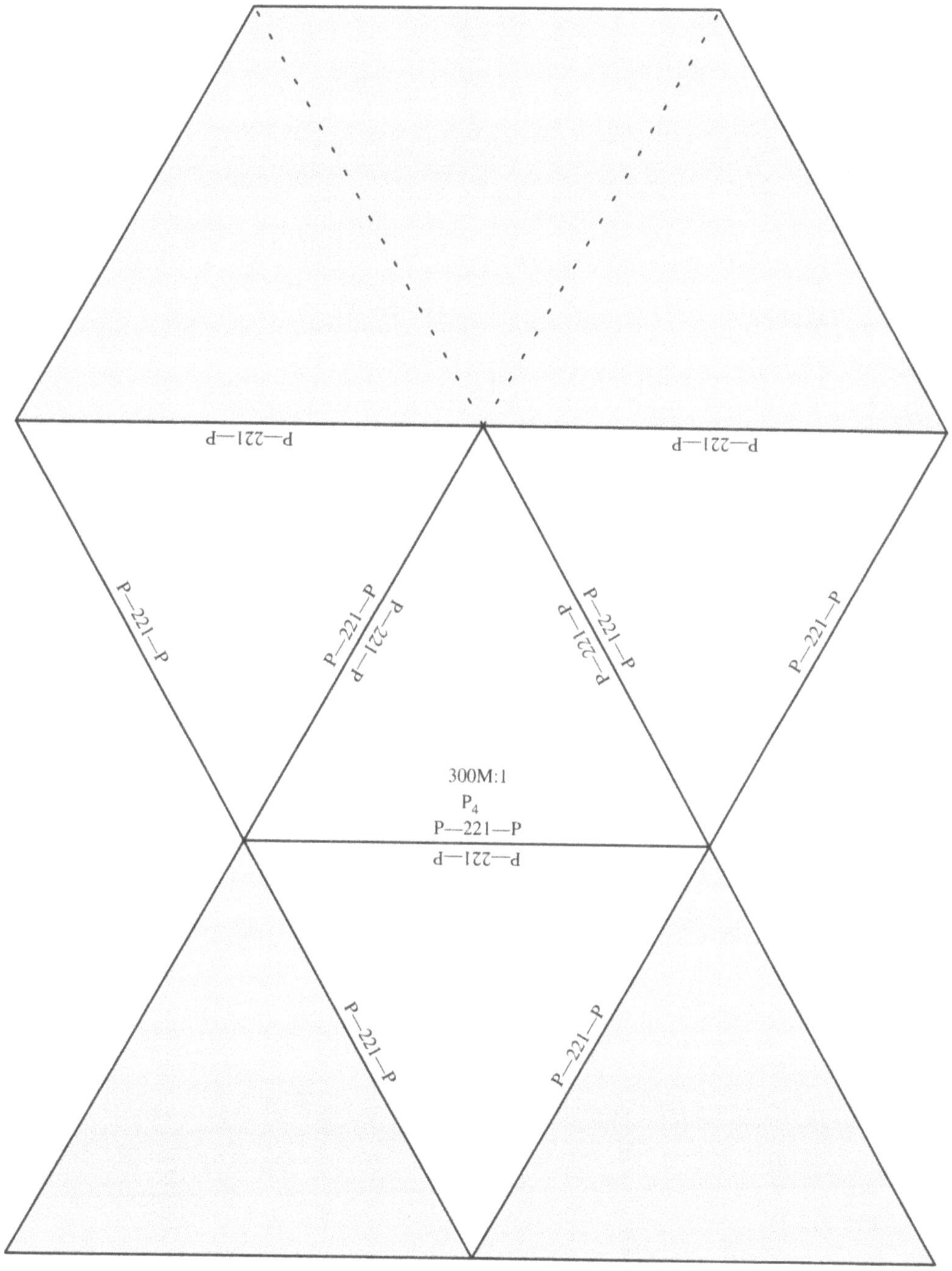

4 Weitere komplizierte Moleküle

Dodekaboran-Ion $\qquad$ $B_{12}H_{12}^{2-}$

Form: Ikosaeder Einheit: pm Maßstab: 300.000.000 : 1

Die B-B-Abstände in diesem Modell sind die mittleren Abstände. Einige betragen tatsächlich 178 pm, andere 175 pm. Die B-H-Abstände wurden nicht bestimmt. Das „Zentralatom" existiert in Wirklichkeit nicht, aber hier vestärkt es die Modellkonstruktion und sieht einfach besser aus. Die offizielle mathematische Bezeichnung lautet „*großes Dodekaeder*".

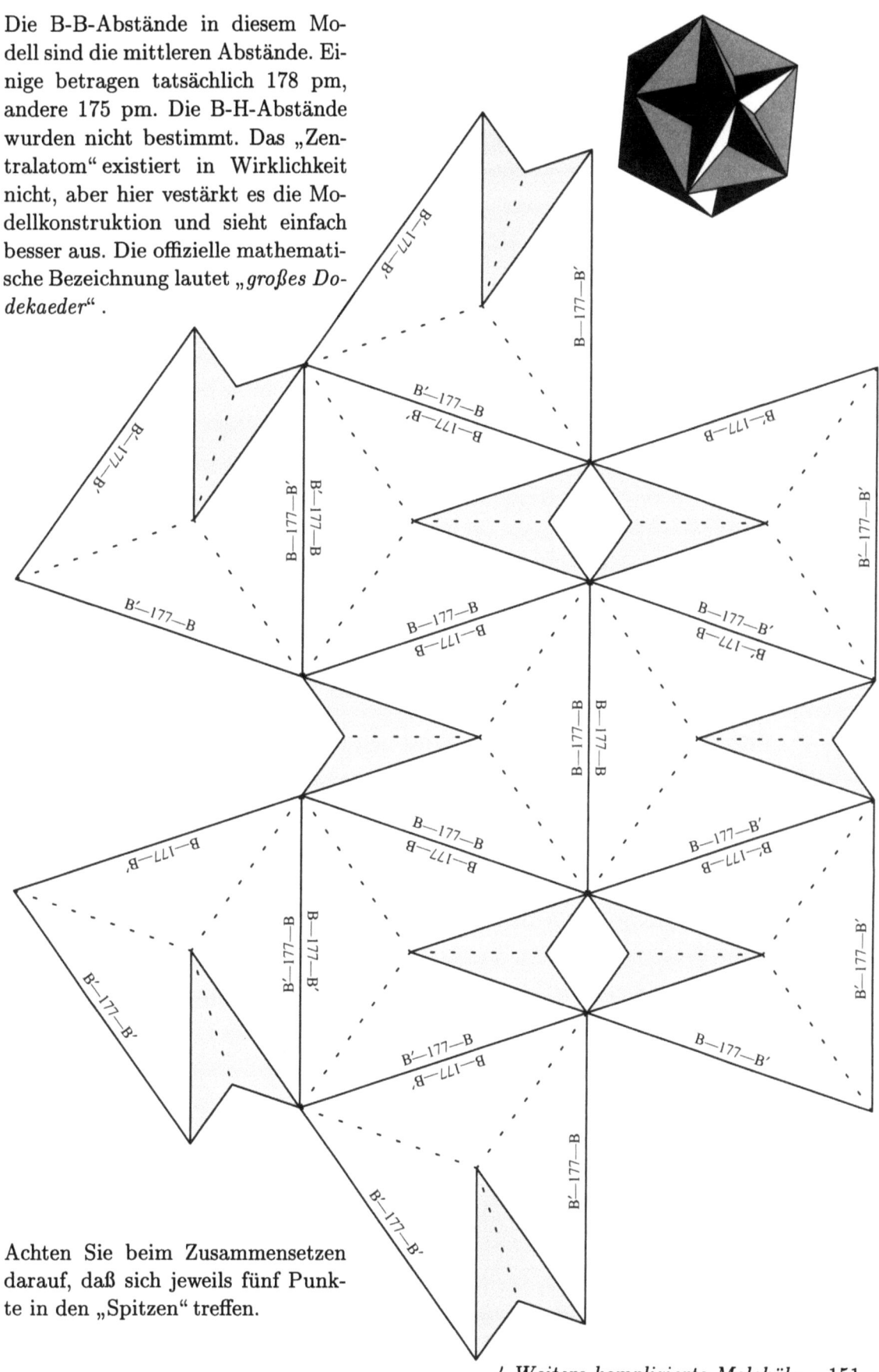

Achten Sie beim Zusammensetzen darauf, daß sich jeweils fünf Punkte in den „Spitzen" treffen.

4 Weitere komplizierte Moleküle 151

Dodekaboran-Ion (zweiter Teil) $\qquad$ $B_{12}H_{12}^{2-}$

Form: Ikosaeder $\qquad$ Einheit: pm $\qquad$ Maßstab: 300.000.000 : 1

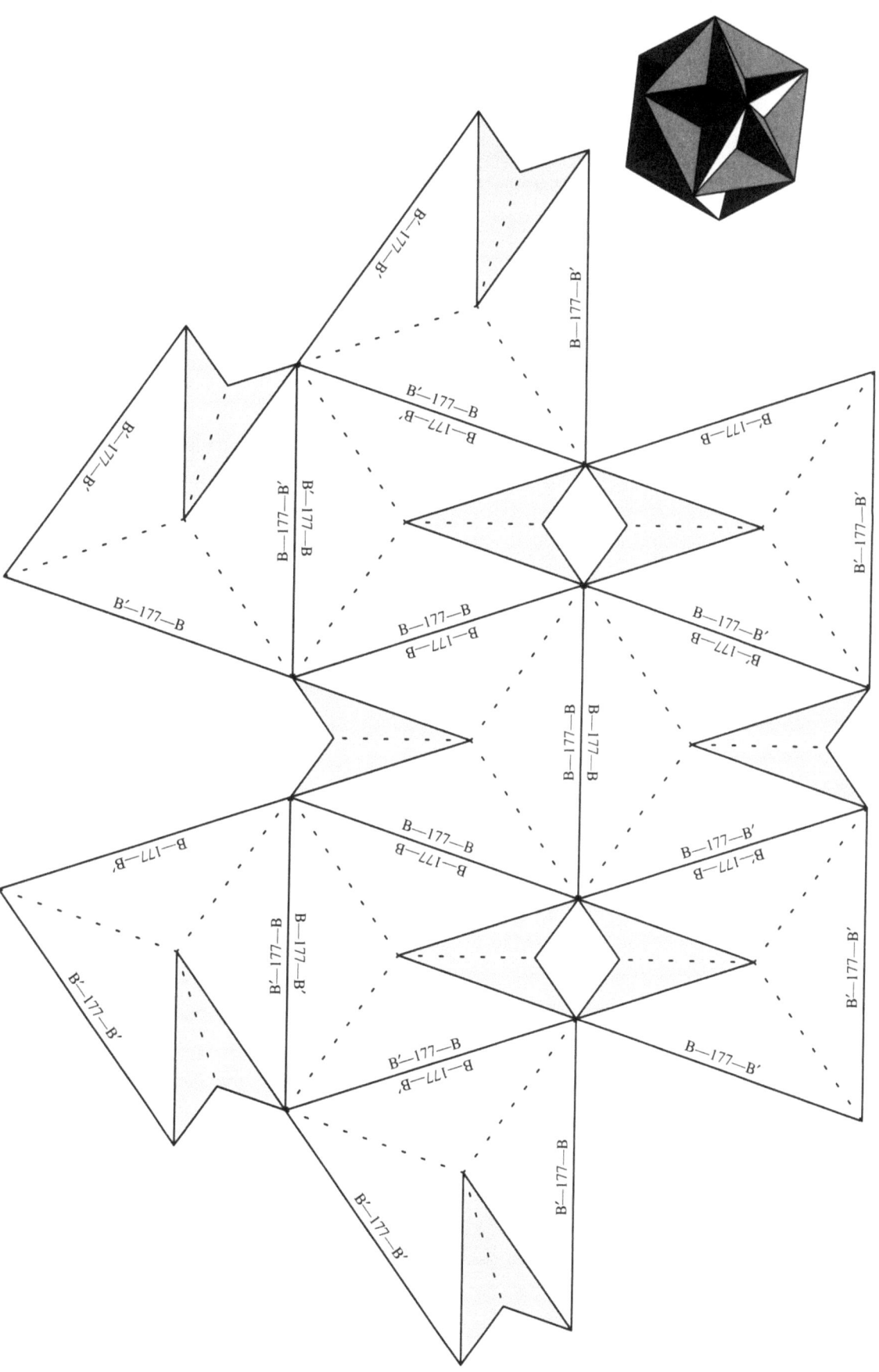

4 Weitere komplizierte Moleküle

Buckminsterfulleren C_{60}

Form: abgestumpftes Ikosaeder Einheit: pm Maßstab: 150.000.000 : 1

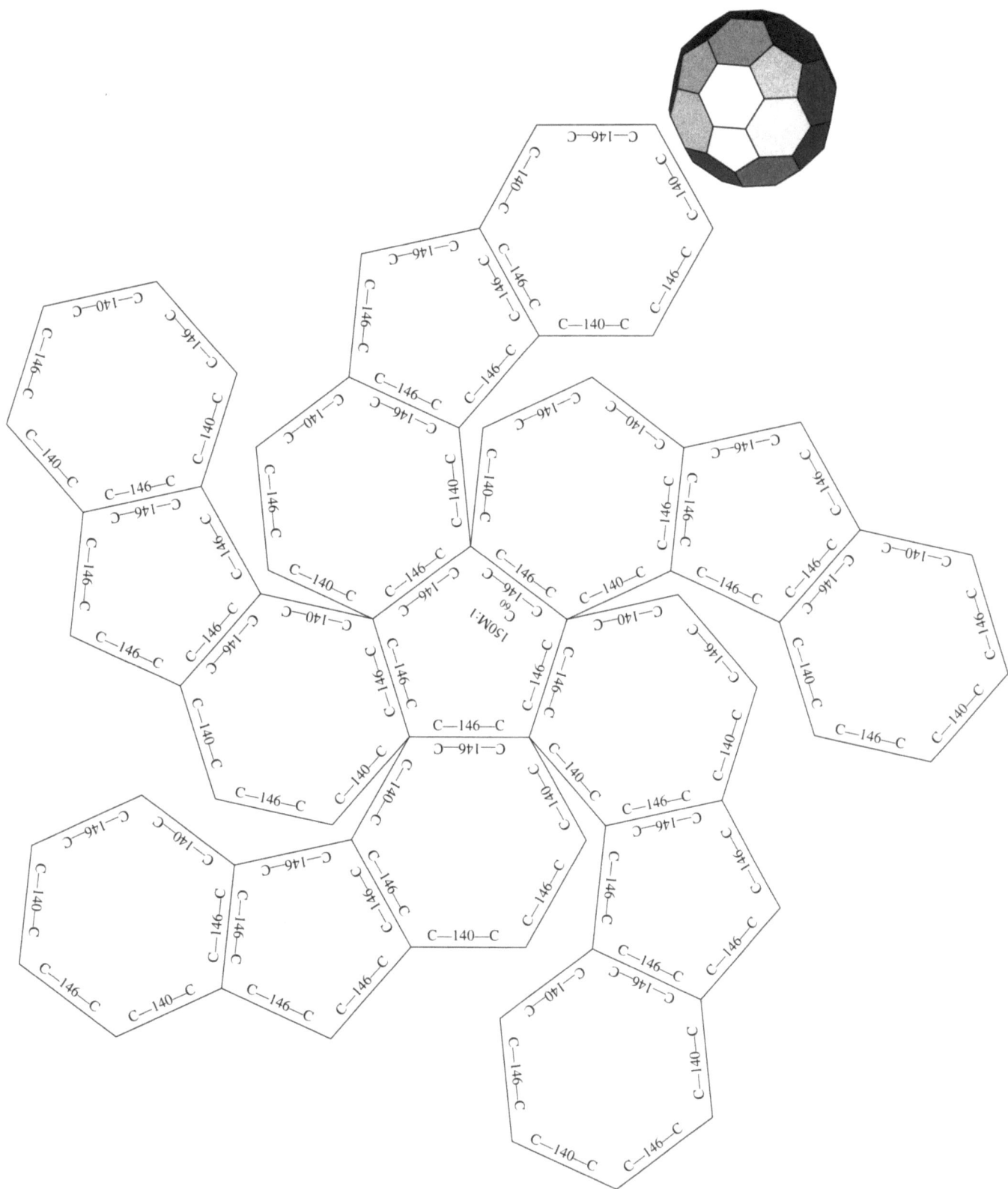

Beachten Sie die beiden *unterschiedlichen* C-C-Abstände. Die C-C-Abstände in den meisten aromatischen Verbindungen betragen etwa 139 pm.

4 Weitere komplizierte Moleküle

Buckminsterfulleren (zweiter Teil) — C$_{60}$

Form: abgestumpftes Ikosaeder   Einheit: pm   Maßstab: 150.000.000 : 1

4 Weitere komplizierte Moleküle

5 Vernetzte Feststoffe

Vernetzte Feststoffe sind solche Feststoffe, die nicht in einzelne Molekültinheiten zerlegt werden können, ohne kovalente Bindungen aufzubrechen. Folglich bestehen vernetzte Feststoffe, wie die verwandten *ionischen* Feststoffe, aus einem gigantischen Molekül, das sich in mindestens zwei Richtungen erstreckt. (Mit den vernetzten Feststoffen ebenfalls verwandt sind die *Polymere*, die im allgemeinen einen mehr eindimensionalen Charakter haben.) Das hier gezeigte Beispiel, Quarz, besteht aus Siliciumatomen, die über tetraedrisch angeordnete Sauerstoffatome verbunden sind:

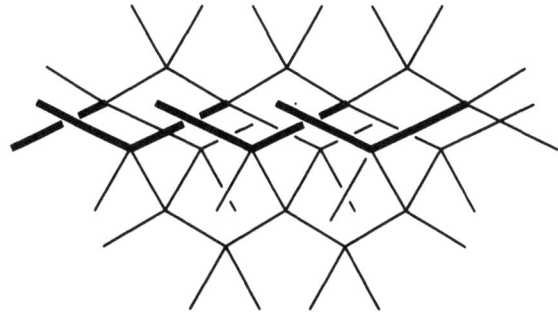

Die Quarzstruktur ist zweidimensional nicht einfach darzustellen! In dieser Abbildung stellen die Schnittpunkte der Linien die Siliciumatome dar. Man muß sich jeweils ein Sauerstoffatom zwischen zwei Siliciumatomen vorstellen. (Die genaue Struktur läßt sich viel besser erkennen, wenn man ein Modell benutzt.)

An diesem Modell befinden sich graue, dreieckige Falze, die Ihnen helfen, die Einheiten miteinander zu verbinden. Um das gezeigte Modell zu basteln, müssen Sie genau den Anweisungen folgen und die Falze vorsichtig miteinander verbinden oder an die Ecken einer Einheit kleben. In den meisten Fällen bleiben Falze übrig. Sie können diese entweder abschneiden oder dazu benutzen, das Modell in verschiedene Richtungen weiter auszubauen.

Normaler (α) Quarz $\qquad$ (SiO$_2$)$_x$

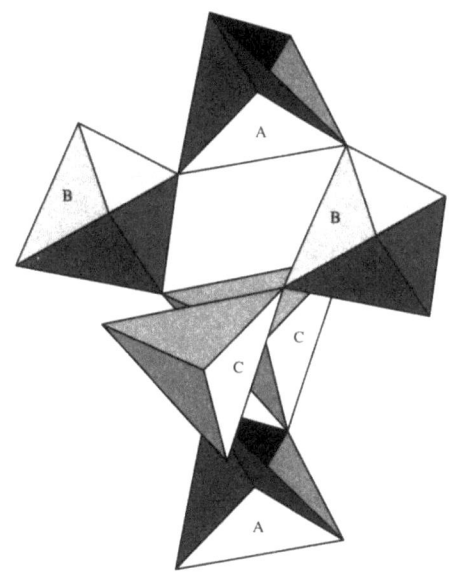

Quarz besteht aus SiO$_4$-Tetraedern, die nur über ihre Ecken miteinander verknüpft sind. Dieses Modell besteht aus sechs Einheiten. Jede Einheit ist gleich, sie unterscheiden sich nur in ihrer räumlichen Orientierung. Versuchen Sie, sich vorzustellen, wie sich das Modell in alle Richtungen ausdehnt, indem Sie innerlich die Einheiten, die sie sehen, vervielfältigen. (Dies ist am fertigen Modell leicht zu sehen.) Beachten Sie, daß die Quarzstruktur eine helix-artige Drehung enthält, die durch die zwei A-Einheiten aufwärts verläuft. Jede Einheit ist um 120° gegenüber der darunter liegenden gedreht. In der Natur ist die eine Hälfte der Quarzkristalle in eine Richtung gedreht, die andere Hälfte in die andere. Die Verteilung ist zufällig. Um die Drehung in Gegenrichtung zu erreichen, setzen Sie das Modell umgekehrt (*innere Seite nach außen*) zusammen.

Die „Verknüpfung über eine gemeinsame Ecke" stellt eine besondere Herausforderung im Modellbau dar. Es sollte aber keine Probleme geben, wenn Sie sich genau an die Anweisungen halten. Wenn Sie das Modell bauen, fügen Sie durch Überlappen der dreieckigen Falze eine Einheit an die andere, die grauen Flächen bleiben sichtbar. Die Falze sind von 1-6 numeriert. Jeder hat zwei Seiten und so lange, wie man zwei Falze gleicher Nummer von *verschiedenen* Einheiten (z.B. A1 mit B1 oder B2 mit C2, aber nicht A1 mit A1 oder B2 mit B2) zusammenfügt, kann nichts schiefgehen. Wichtig ist es, sich auf die *Falze* zu konzentrieren. Ihre Abfolge bestimmt den Teil des grenzenlosen Netzwerks, den Sie machen. Hier werden Anweisungen gegeben, um obiges Modell auf drei verschiedene, aber äquivalente Weisen zu bauen und es in alle Richtungen zu erweitern.

Zusammenfügen des Quarzmodells

Im folgenden werden drei verschiedene Möglichkeiten zum Bau des Modells vorgestellt:

A-Achsen-Einheit   B-Achsen-Einheit   C-Achsen-Einheit

Für die A-Achsen-Einheit beispielsweise verbinden Sie die Falze in der gezeigten Reihenfolge. Das bedeutet, daß Sie Falz B1 über A1 legen, dann C2 über B2, usw. bis A6 über B6. An jeder Einheit bleiben zwei unbenutzte Falze übrig. Indem man diese zusätzlichen Falze benutzt, können jeweils zwei von den drei Schleifen verbunden werden, um die dritte zu bilden. Die ganze Struktur kann auf diese Weise in jede Richtung ausgedehnt werden. Unten wird die Struktur gezeigt, die durch Verbinden einer C-Achsen-Einheit mit einer A-Achsen-Einheit über die Falze 1 und 5 gebildet wird, wenn *diese* zusammengesetzte Einheit dann über die Falze 3 und 5 mit einer B-Achsen-Einheit verbunden wird.

Dieses Grundgerüst kann man nun mit einer Kopie seiner selbst verknüpfen, indem man die Falze 1 und 4 (oder 2 und 4, oder 2 und 6, oder...) verbindet. Sie ahnen, wo das hinführt! Tatsächlich können Sie durch Verbinden der Falze in jede Richtung gehen, solange Sie darauf achten, a) keine identischen Einheiten, wie A1 mit A1 oder B2 mit B2 zu verknüpfen, und b) aufpassen, daß Sie an einer weiteren Stelle auf das Modell zurückkommen, anstatt eine weitere Untereinheit anzufügen.

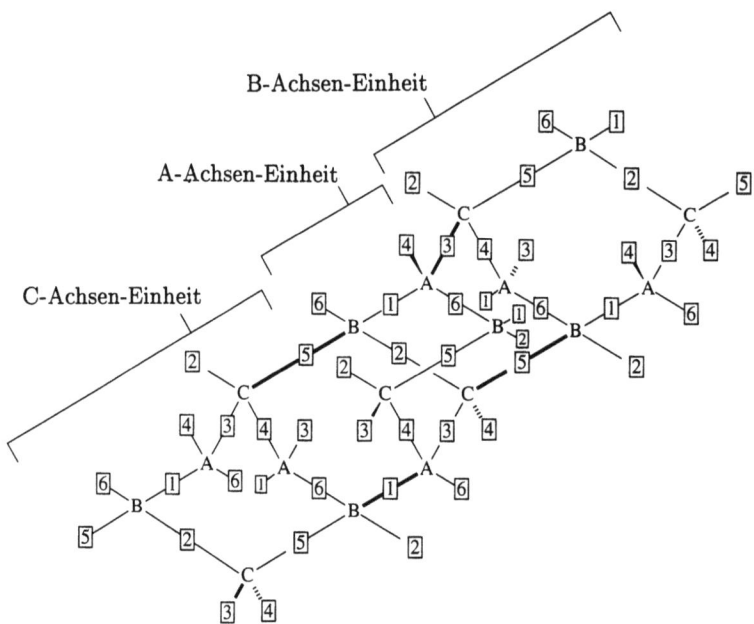

Eine ausgedehnte Quarzstruktur

Normaler (α) Quarz (Einheit A) $\qquad$ (SiO$_2$)$_x$

Form: ecken-verknüpfte Tetraeder $\qquad$ Einheit: pm $\qquad$ Maßstab: 240.000.000 : 1

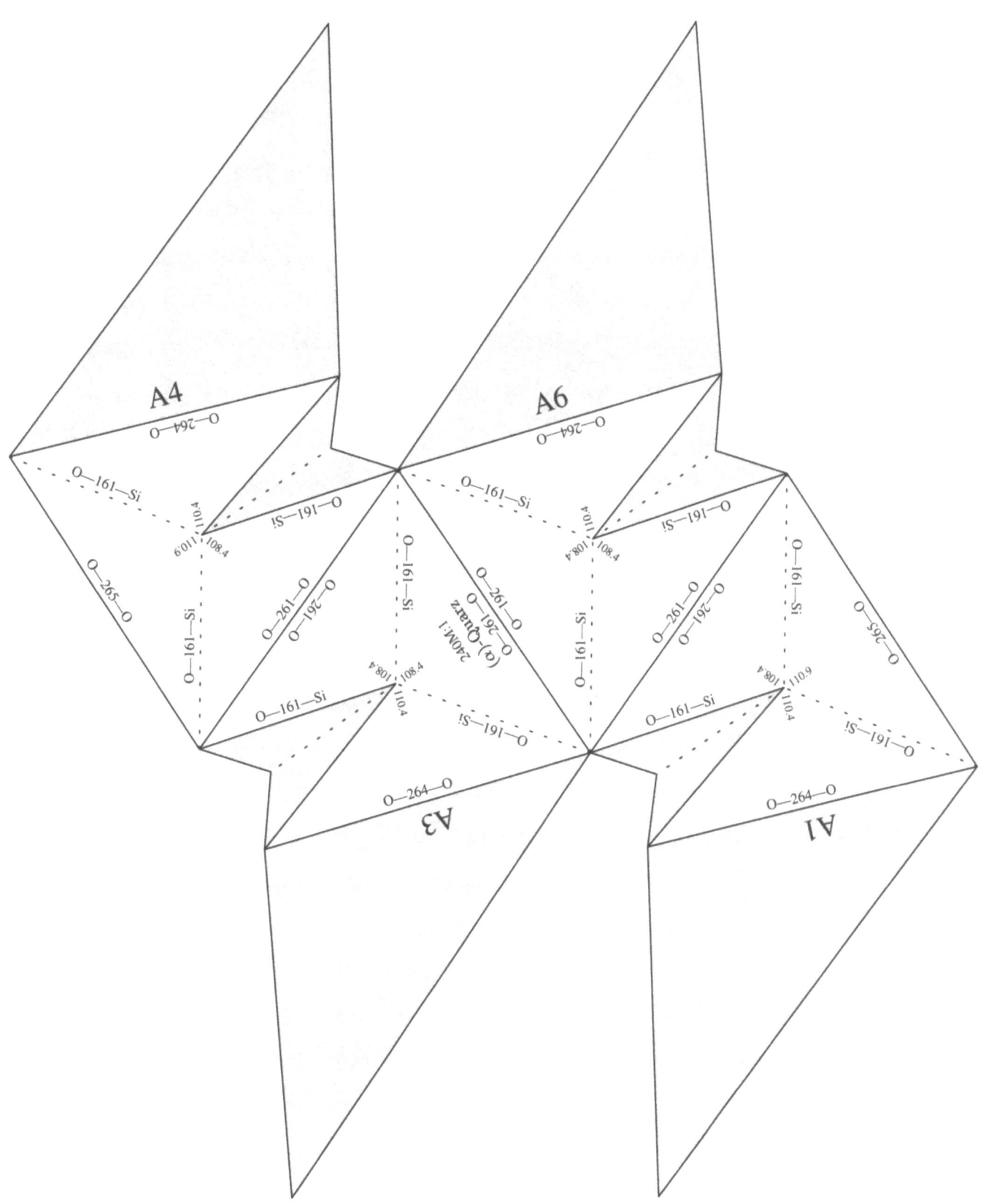

5 Vernetzte Feststoffe

Normaler (α) Quarz (Einheit A) $(SiO_2)_x$

Form: ecken-verknüpfte Tetraeder   Einheit: pm   Maßstab: 240.000.000 : 1

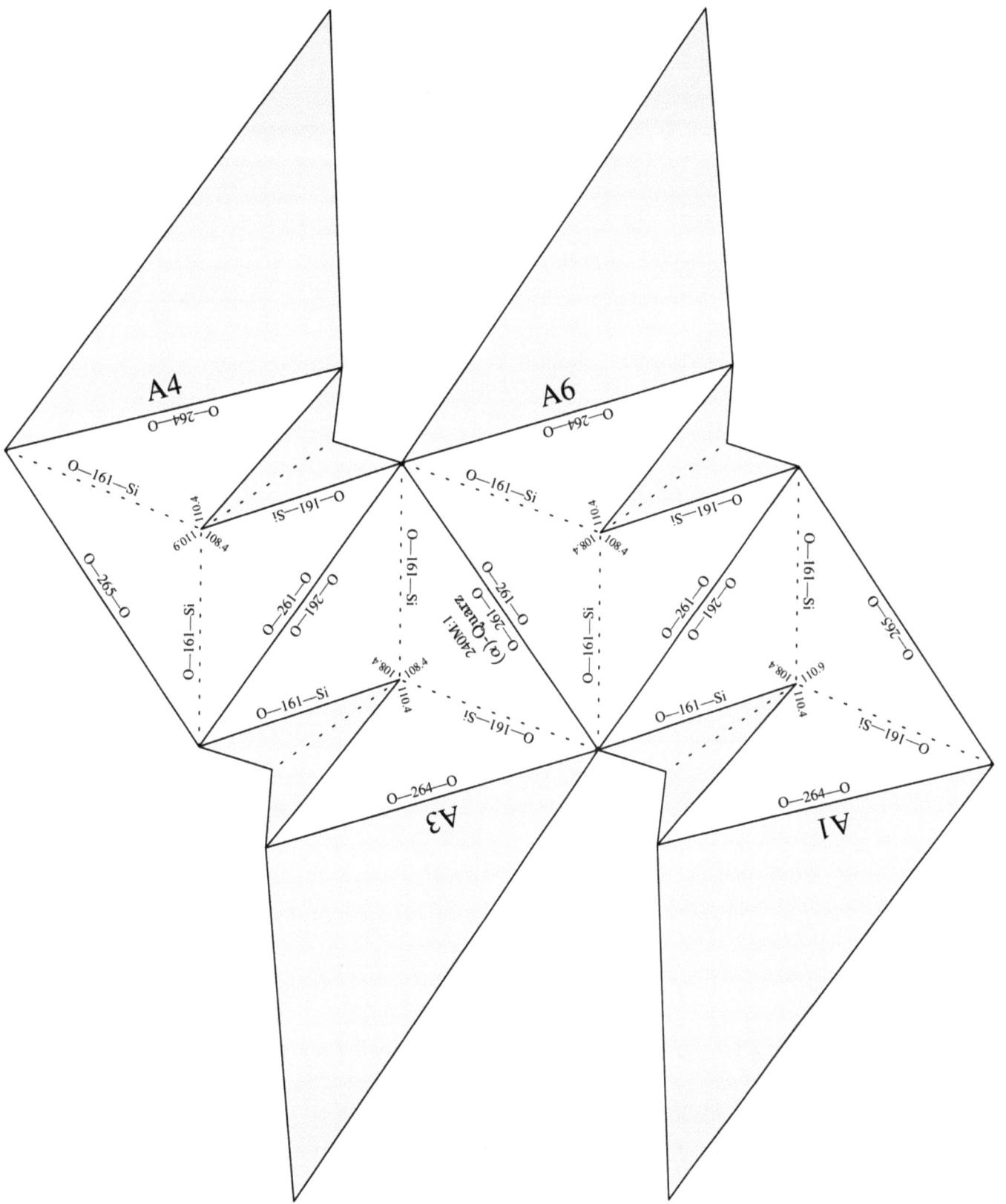

5 Vernetzte Feststoffe

Normaler (α) Quarz (Einheit B) $(SiO_2)_x$

Form: ecken-verknüpfte Tetraeder   Einheit: pm   Maßstab: 240.000.000 : 1

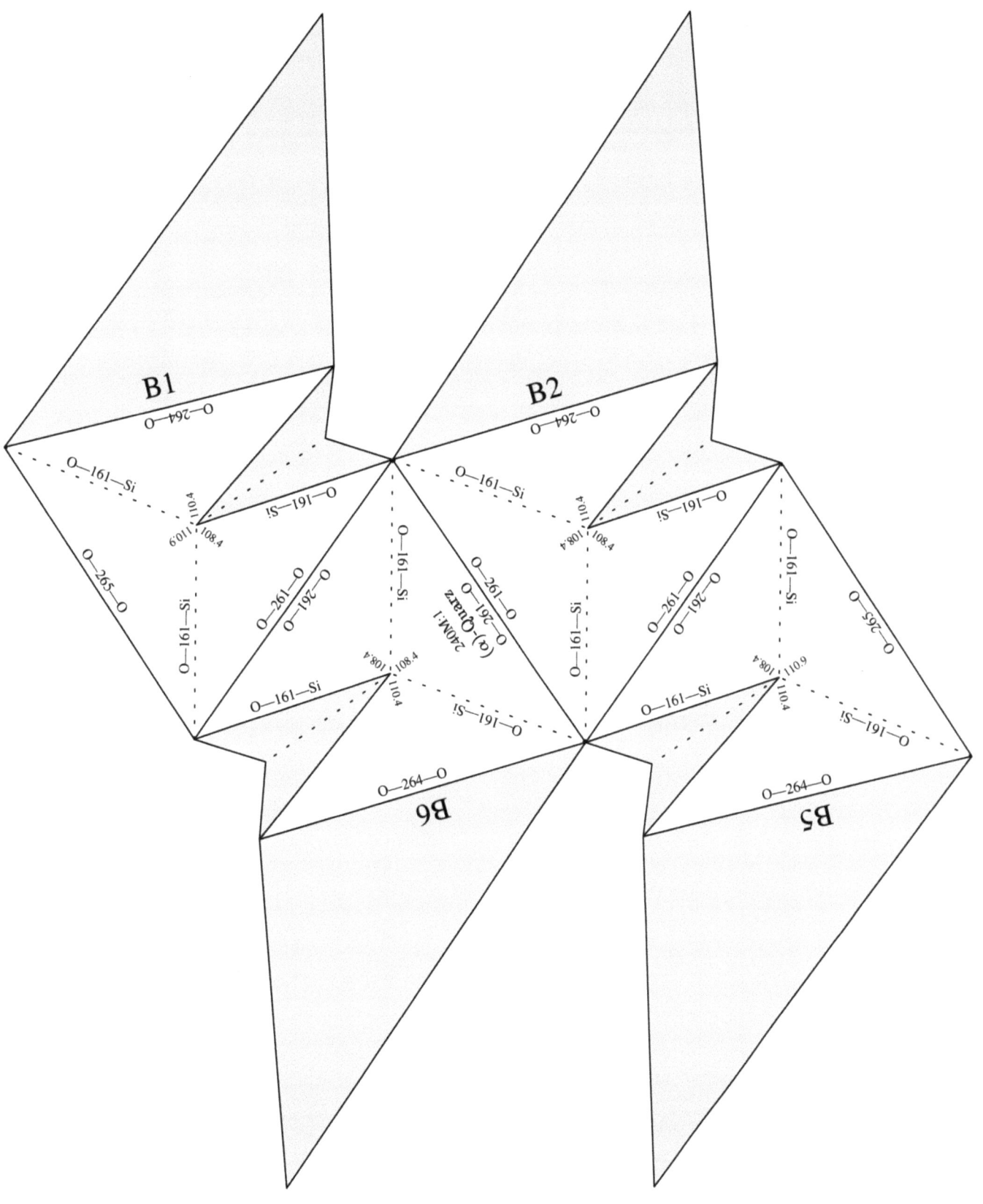

Normaler (α) Quarz (Einheit B) $(SiO_2)_x$

Form: ecken-verknüpfte Tetraeder   Einheit: pm   Maßstab: 240.000.000 : 1

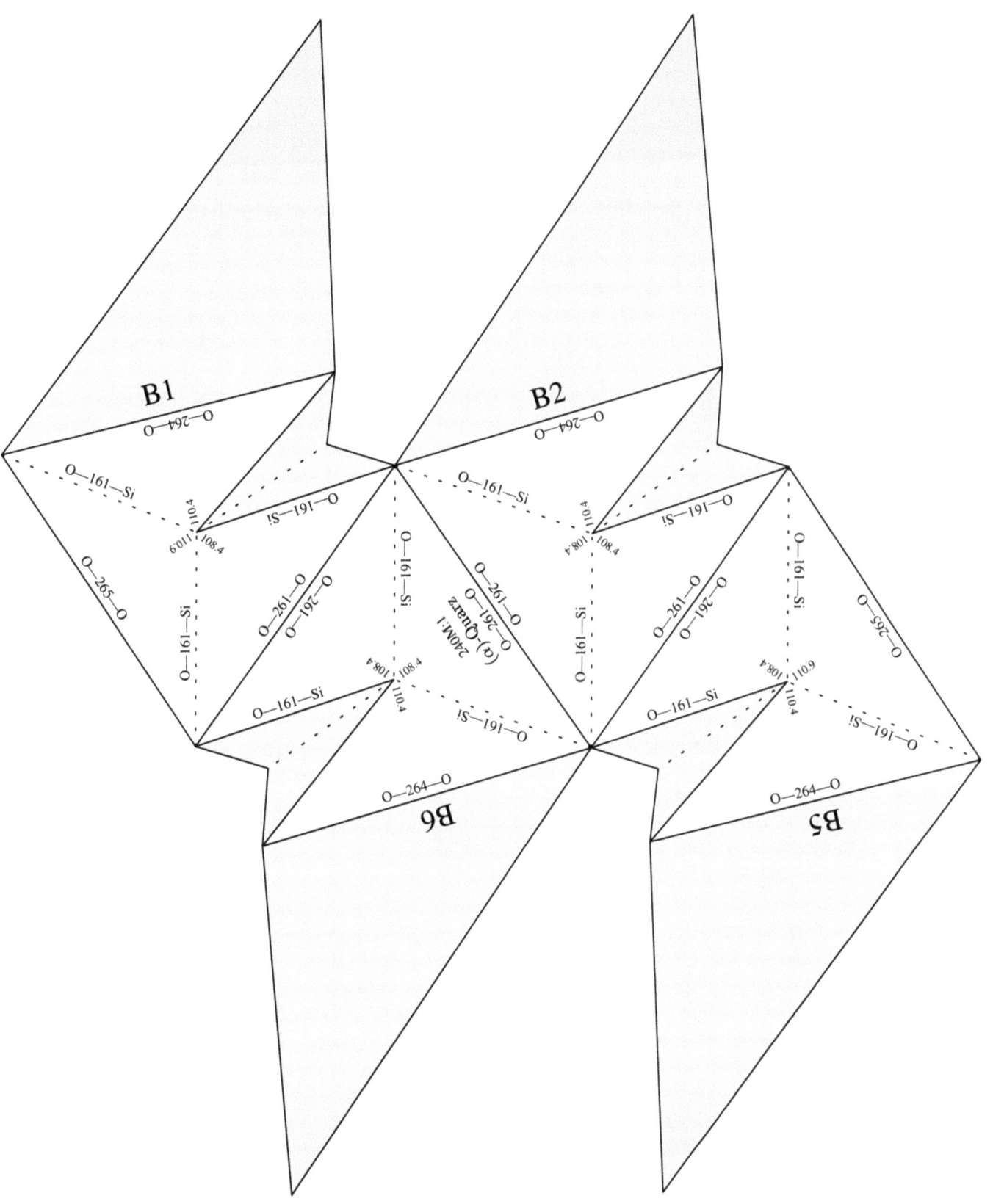

Normaler (α) Quarz (Einheit C)   (SiO$_2$)$_x$

Form: ecken-verknüpfte Tetraeder   Einheit: pm   Maßstab: 240.000.000 : 1

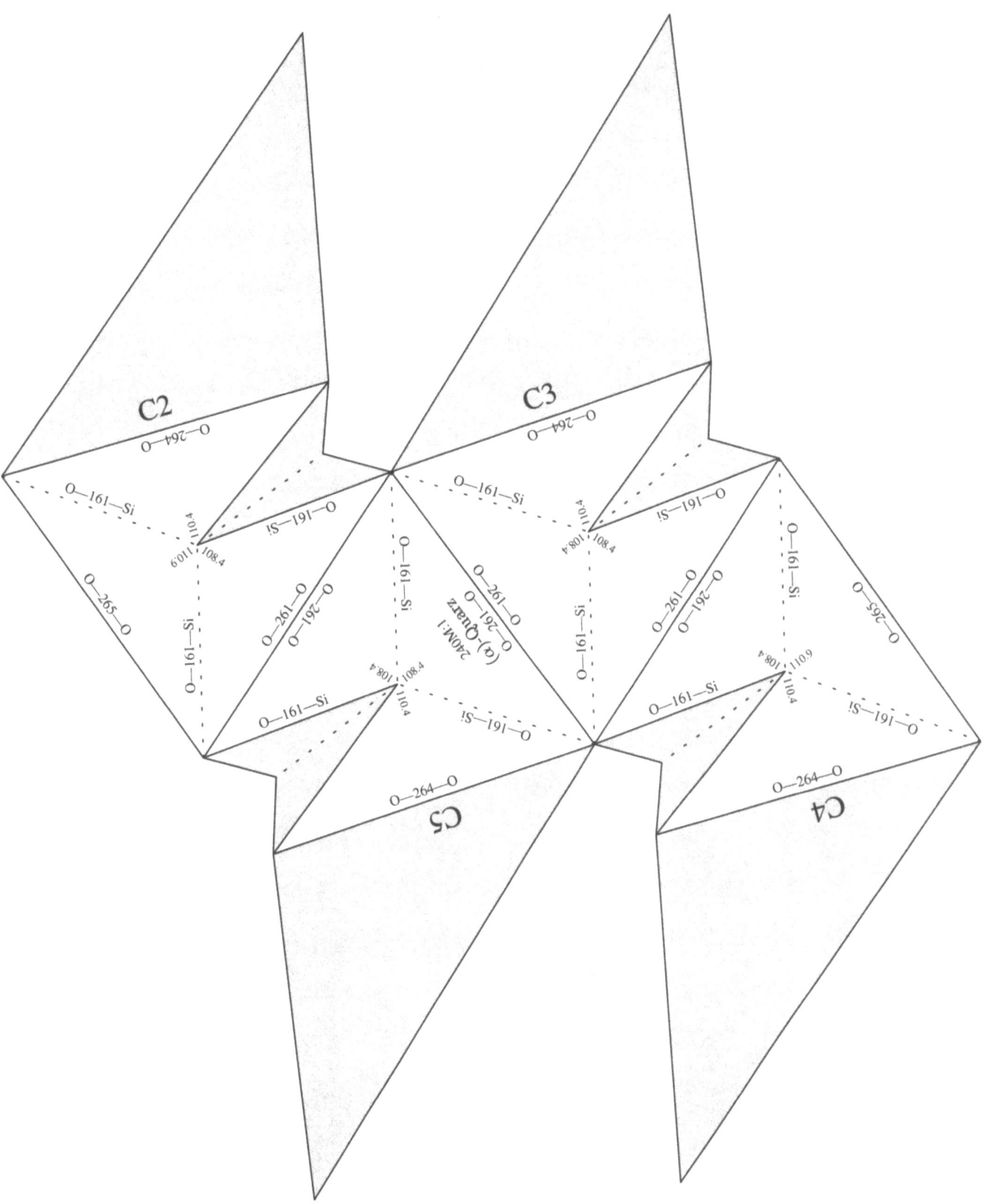

5 Vernetzte Feststoffe   171

Normaler (α) Quarz (Einheit C) $(SiO_2)_x$

Form: ecken-verknüpfte Tetraeder   Einheit: pm   Maßstab: 240.000.000 : 1

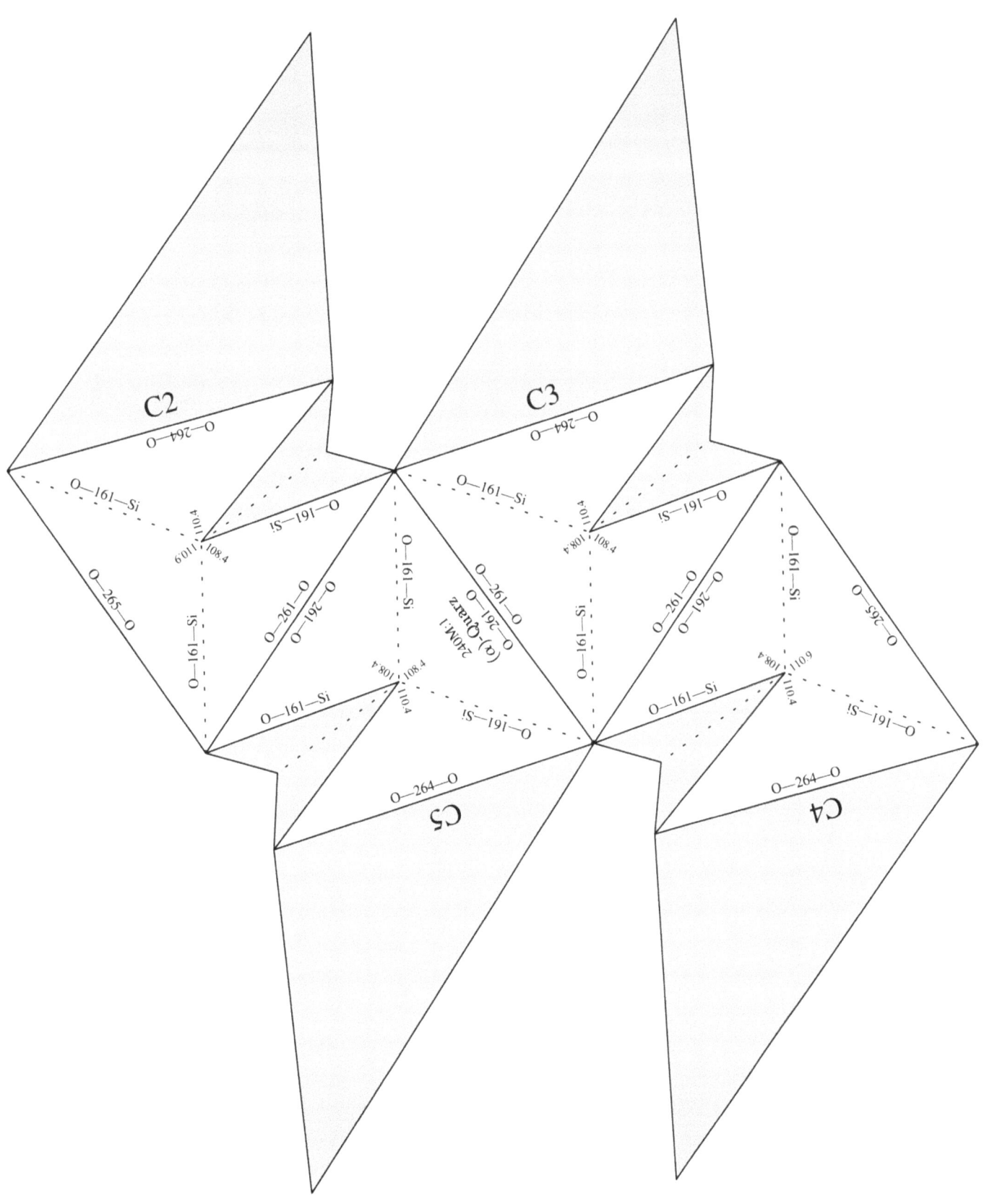

6 Ein- und zweidimensionale Formen

zweiatomig   linear   gewinkelt   trigonal-planar   t-förmig   quadratisch-planar

In diesem Kapitel finden Sie die Strukturdaten für 76 Moleküle und Ionen im Maßstab 300.000.000 : 1 (demselben Maßstab wie für die Moleküle in Kapitel 1). In allen Fällen ist die Anordnung der Atome *um das Zentralatom herum* entweder ein- oder zweidimensional. Aber nicht jedes Molekül ist flach. Beispielsweise befinden sich die Wasserstoffatome im Allen in zwei zueinander senkrechten Ebenen, und die CH_3-Gruppen des Dimethylethers sind tetraedrisch. Dieser dreidimensionale Charakter wurde nicht dargestellt.

Dieses Kapitel soll Ihnen als Datensammlung zum „Nachschlagen" dienen, die Sie nutzen können, um Molekülformen anhand der Formeln abzuschätzen. Es ist eine gute Übung für Studenten, die Lewis-Strukturen dieser Moleküle zu formulieren, um sich über die beobachteten Grundstrukturen klar zu werden. Anschließend kann man sich mit Hilfe der VSEPR- oder Molekülorbitaltheorie den komplizierteren Fragen von Abstand und Winkel zuwenden.

Für die Strukturdiskussion sind die Doppelbindungen in Lewis-Strukturen zum Großteil irrelevant. Es ist nützlicher (und auch einfacher), „σ"-Strukturen zu zeichnen, die keine Doppelbindungen enthalten. Um „σ"-Strukturen darzustellen, verbinden Sie einfach alle Atome mit einer einfachen (σ)-Bindung. Zählen Sie dann die Gesamtanzahl an Valenzelektronen, ziehen Sie zwei für jede bereits gezeichnete Bindung ab, und nutzen Sie die verbleibenden Elektronen um jeweils das Oktett für die *äußeren* Atome der Struktur zu erfüllen. Wenn dann noch Elektronen übrig sind, teilen Sie diese dem Zentralatom zu, aber zeichnen Sie keine Doppelbindungen ein. Die daraus resultierende Elektronenpaar-Verteilung um das Zentralatom herum, beschreibt die Form ebenso gut, wie die σ-"Hybridisierung". Beispiele sind unten gezeigt.

CO_2
AX_2, sp

OF_2
AX_2E_2, sp^3

BF_3
AX_3, sp^2

ClF_3
AX_3E_2, d^2sp^3

Zusätzlich können „σ"-Strukturen durch das Verteilen der übrig gebliebenen p-Orbitale am Zentralatom als Ausgangspunkt zur Diskussion von π-Resonanz oder Delokalisierung dienen.

Zweiatomige Spezies AA oder AB

Einheit: pm   Maßstab: 300.000.000 : 1

H_2 — Diwasserstoff — H—74—H

H_2^+ — H_2^+ — H—106—H

He_2^+ — He_2^+ — He—108—He

LiH — Lithiumhydrid — Li—160—H

NaH — Natriumhydrid — Na—189—H

KH — Kaliumhydrid — K—224—H

HF — Fluorwasserstoff — H—92—F

HCl — Chlorwasserstoff — H—127—Cl

HBr — Bromwasserstoff — H—141—Br

Li_2 — Dilithium — Li—267—Li

Na_2 — Dinatrium — Na—308—Na

K_2 — Dikalium — K—392—K

N_2 — Distickstoff — N—110—N

N_2^+ — N_2^+ — N—112—N

CN^- — Cyanid — C—115—N

CN — Cyan-Radikal — C—117—N

CN^+ — CN^+ — C—117—N

O_2^{2-} — O_2^{2-} (in BaO_2) — O—149—O

O_2^- — O_2^- (in KO_2) — O—128—O

O_2 — Disauerstoff — O—121—O

O_2^+ — O_2^+ — O—112—O

CO — Kohlenmonoxid — C—113—O

CO^+ — CO^+ — C—112—O

NO — Stickstoffmonoxid — N—115—O

NO^+ — NO^+ — N—106—O

F_2 — Difluor — F—142—F

Cl_2 — Dichlor — Cl—199—Cl

Br_2 — Dibrom — Br—229—Br

6 Ein- und zweidimensionale Formen

Lineare Spezies AX_2 oder AX_2E_3

Einheit: pm Maßstab: 300.000.000 : 1

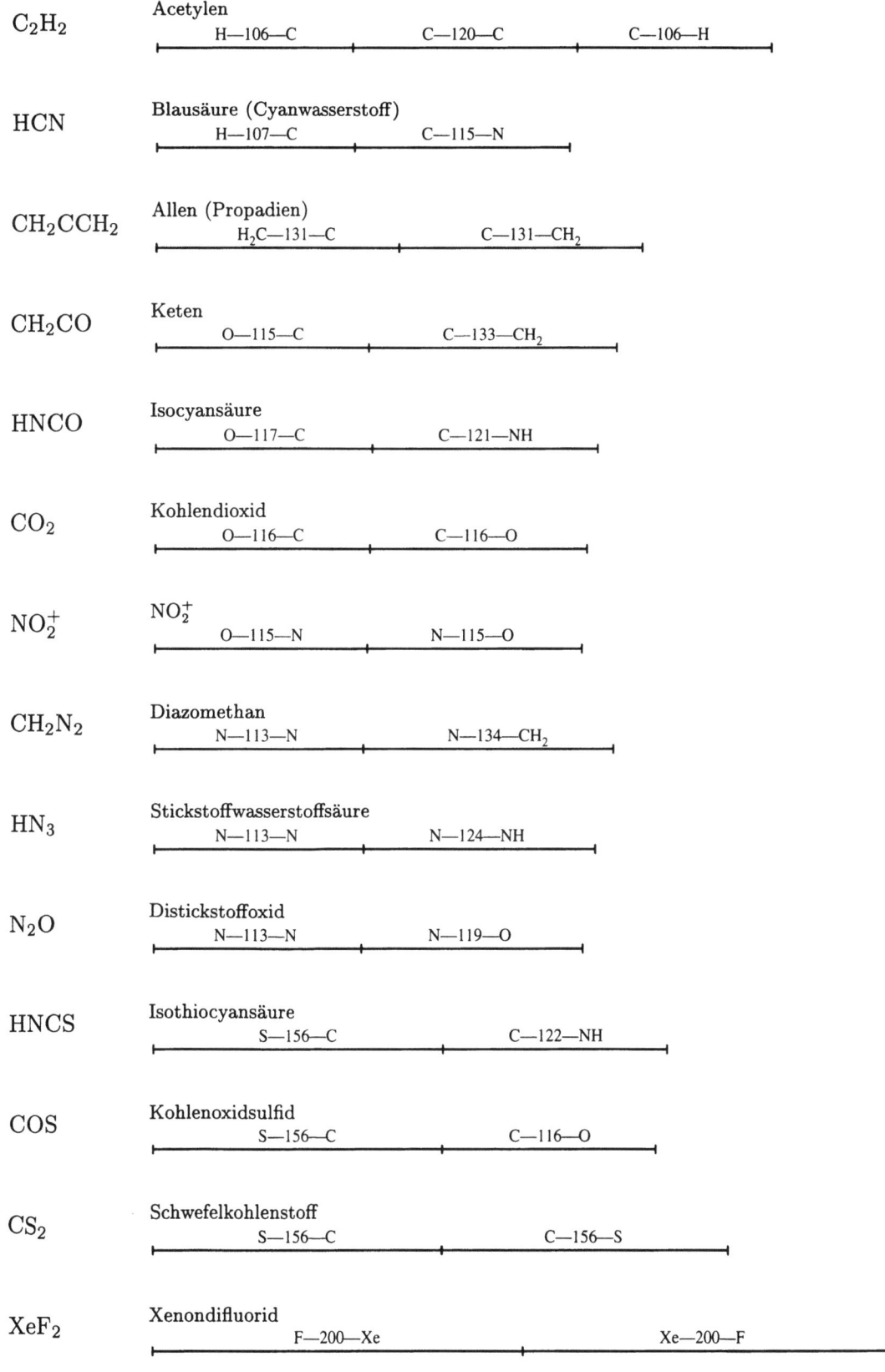

C_2H_2 — Acetylen H—106—C C—120—C C—106—H

HCN — Blausäure (Cyanwasserstoff) H—107—C C—115—N

CH_2CCH_2 — Allen (Propadien) H_2C—131—C C—131—CH_2

CH_2CO — Keten O—115—C C—133—CH_2

HNCO — Isocyansäure O—117—C C—121—NH

CO_2 — Kohlendioxid O—116—C C—116—O

NO_2^+ — NO_2^+ O—115—N N—115—O

CH_2N_2 — Diazomethan N—113—N N—134—CH_2

HN_3 — Stickstoffwasserstoffsäure N—113—N N—124—NH

N_2O — Distickstoffoxid N—113—N N—119—O

HNCS — Isothiocyansäure S—156—C C—122—NH

COS — Kohlenoxidsulfid S—156—C C—116—O

CS_2 — Schwefelkohlenstoff S—156—C C—156—S

XeF_2 — Xenondifluorid F—200—Xe Xe—200—F

6 Ein- und zweidimensionale Formen

Gewinkelte Spezies AX₂E

Einheit: pm Maßstab: 300.000.000 : 1

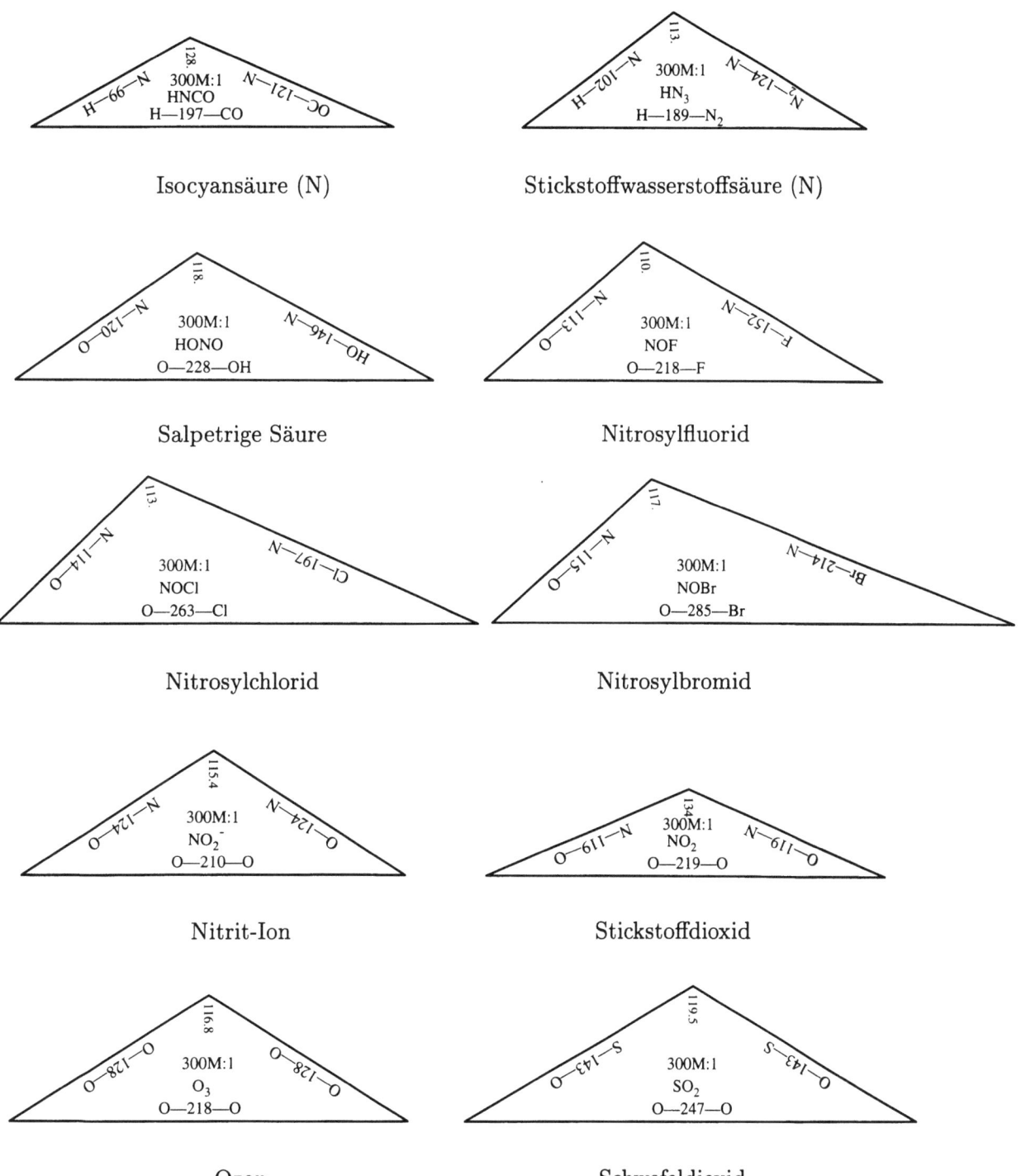

Isocyansäure (N)

Stickstoffwasserstoffsäure (N)

Salpetrige Säure

Nitrosylfluorid

Nitrosylchlorid

Nitrosylbromid

Nitrit-Ion

Stickstoffdioxid

Ozon

Schwefeldioxid

6 Ein- und zweidimensionale Formen

Gewinkelte Spezies (Fortsetzung) AX_2E_2

Einheit: pm   Maßstab: 300.000.000 : 1

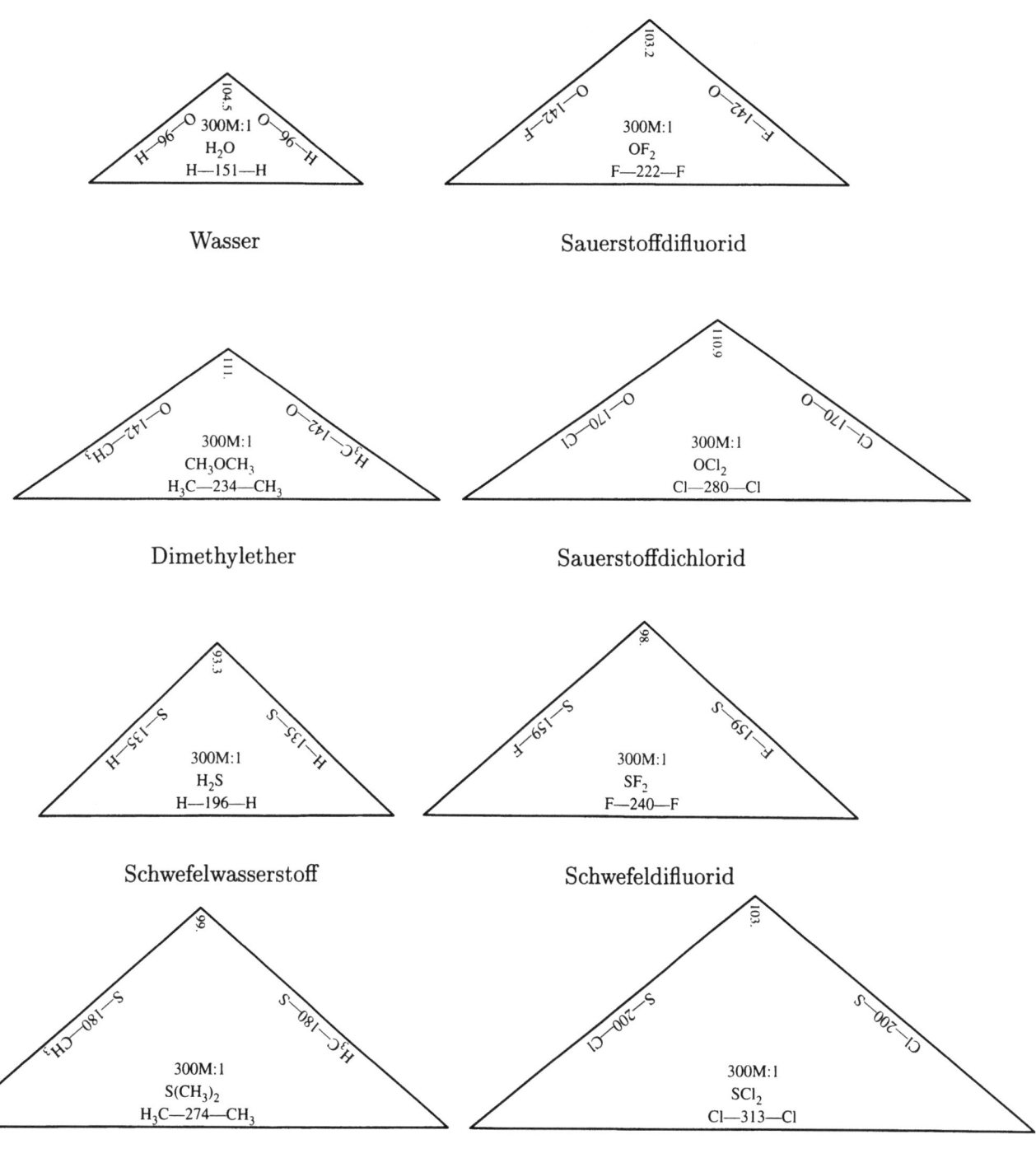

Wasser

Sauerstoffdifluorid

Dimethylether

Sauerstoffdichlorid

Schwefelwasserstoff

Schwefeldifluorid

Dimethylsulfid

Schwefeldichlorid

6 Ein- und zweidimensionale Formen

Trigonal-planare Spezies AX₃

Einheit: pm   Maßstab: 300.000.000 : 1

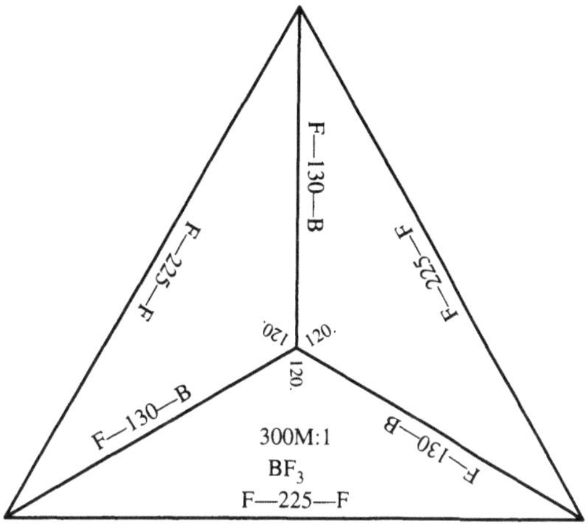

Bortrifluorid

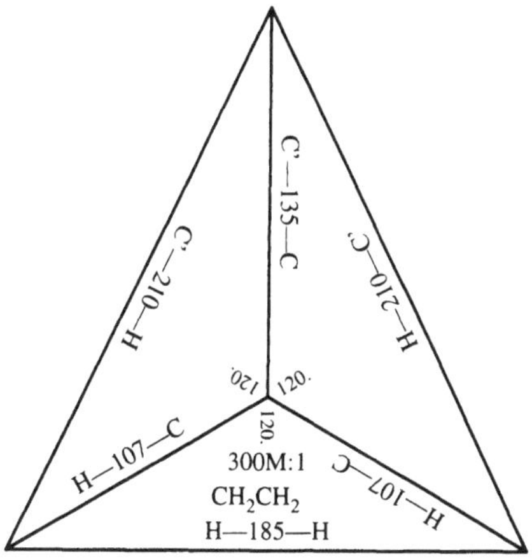

300M:1
BF₃
F—225—F
F—130—B, angles 120°

Ethylen (Ethen)

300M:1
CH₂CH₂
H—185—H
C'—135—C, H—210—C, H—107—C, angles 120°

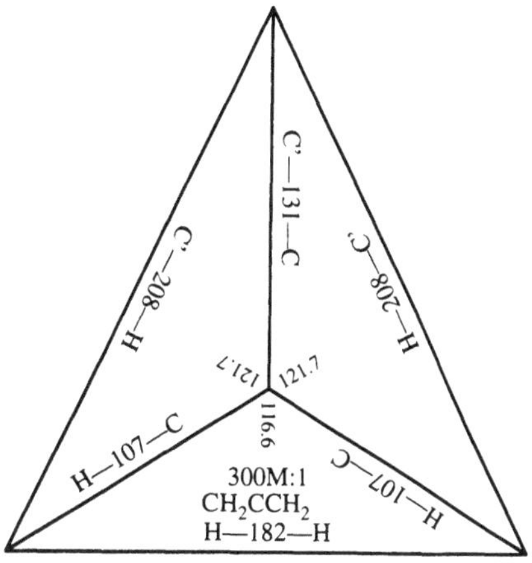

Allen (Propadien) (äußeres C)

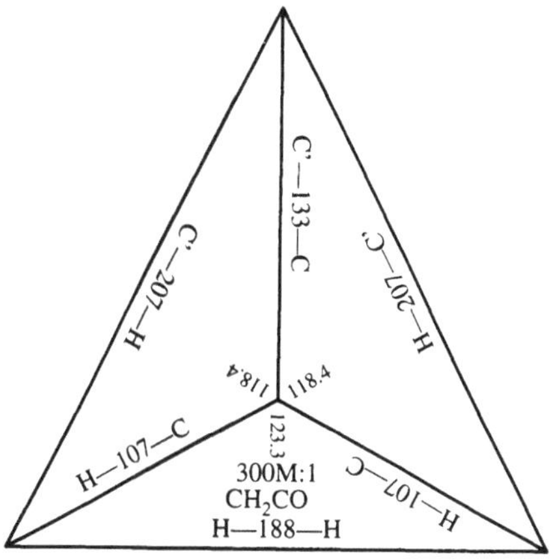

300M:1
CH₂CCH₂
H—182—H
C'—131—C, H—208—C, H—107—C, angles 121,7° / 116,6°

Keten (äußeres C)

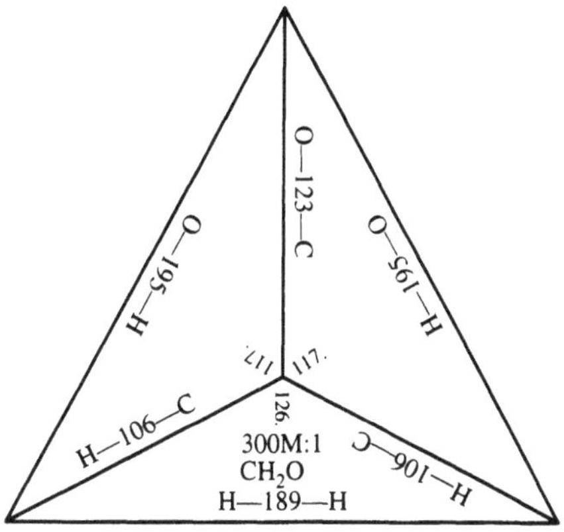

300M:1
CH₂CO
H—188—H
C'—133—C, H—207—C, H—107—C, angles 118,4° / 123,3°

Formaldehyd

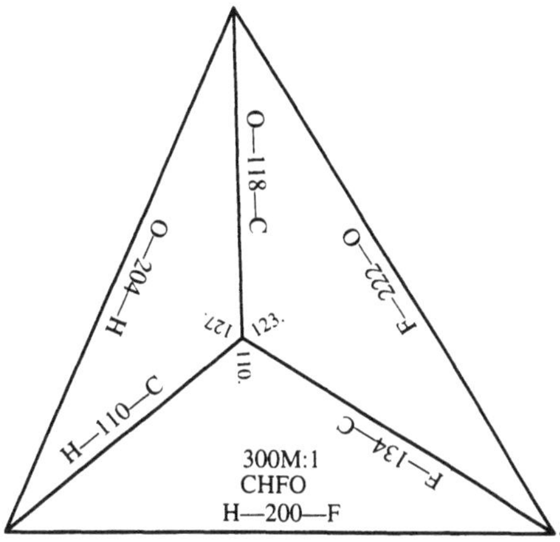

300M:1
CH₂O
H—189—H
O—123—C, H—195—O, H—106—C, angles 117° / 126°

Formylfluorid

300M:1
CHFO
H—200—F
O—118—C, H—204—O, F—222—O, H—110—C, F—134—C, angles 123° / 127° / 110°

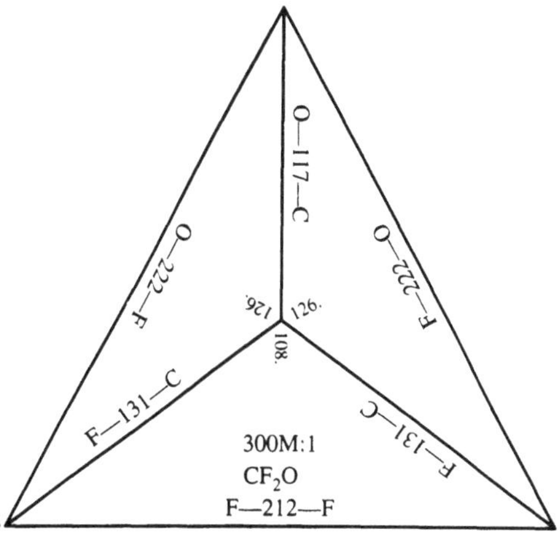

Kohlenoxidfluorid

300M:1
CF₂O
F—212—F
O—117—C, F—222—O, F—131—C, angles 126° / 108°

Trigonal-planare Spezies, Fortsetzung AX₃

Einheit: pm Maßstab: 300.000.000 : 1

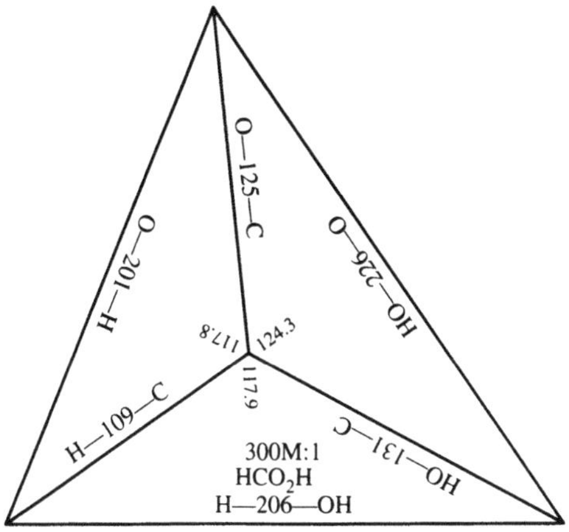

Ameisensäure

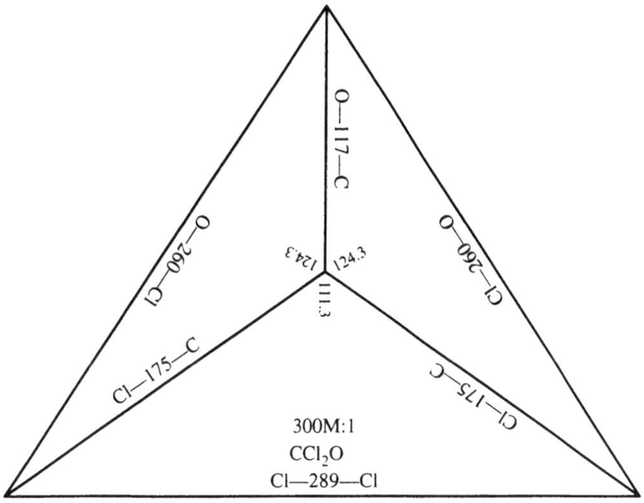

300M:1
HCO₂H
H—206—OH

(O—125—C, HO—226—O, H—101—O, H—109—C, HO—131—C, 117.8, 124.3, 117.9)

Phosgen

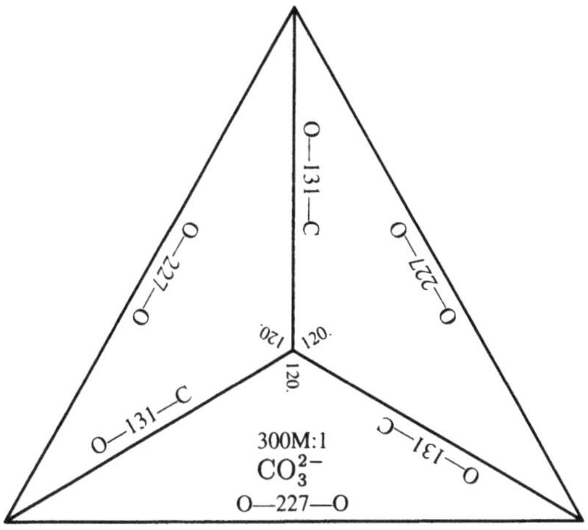

300M:1
CCl₂O
Cl—289—Cl

(O—117—C, O—260—O, Cl—260—O, Cl—175—C, 124.3, 124.3, 111.3)

Carbonat-Ion (in CaCO₃)

300M:1
CO₃²⁻
O—227—O

(O—131—C, O—227—O, 120°)

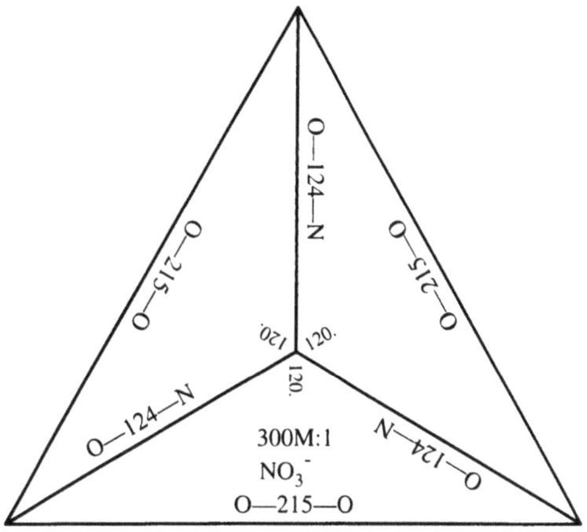

Nitrat-Ion (in NO₂⁺NO₃⁻)

300M:1
NO₃⁻
O—215—O

(O—124—N, O—215—O, 120°)

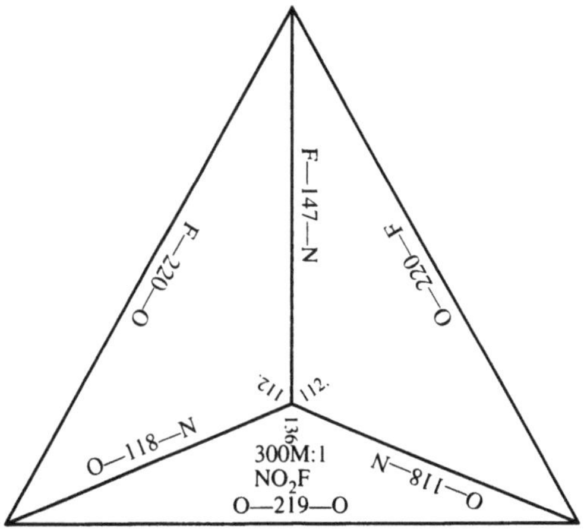

Nitrylfluorid

300M:1
NO₂F
O—219—O

(F—147—N, F—220—O, O—118—N, 136°, 112°, 112°)

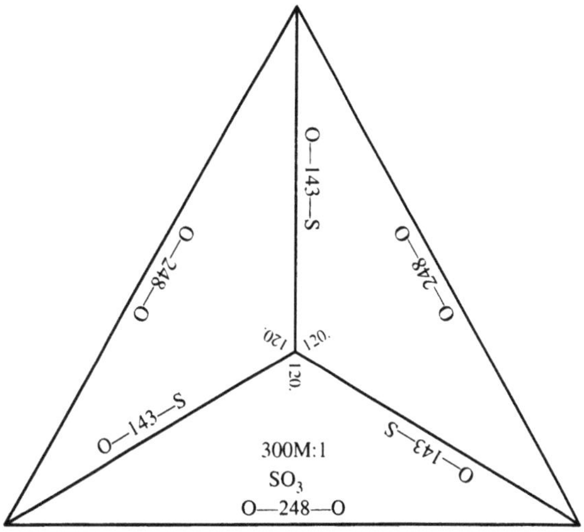

Schwefeltrioxid

300M:1
SO₃
O—248—O

(O—143—S, O—248—O, 120°)

6 Ein- und zweidimensionale Formen

T-förmig-planare Spezies AX$_3$E$_2$
quadratisch-planare Spezies AX$_4$E$_2$

Einheit: pm   Maßstab: 300.000.000 : 1

Chlortrifluorid

Bromtrifluorid

Xenontetrafluorid

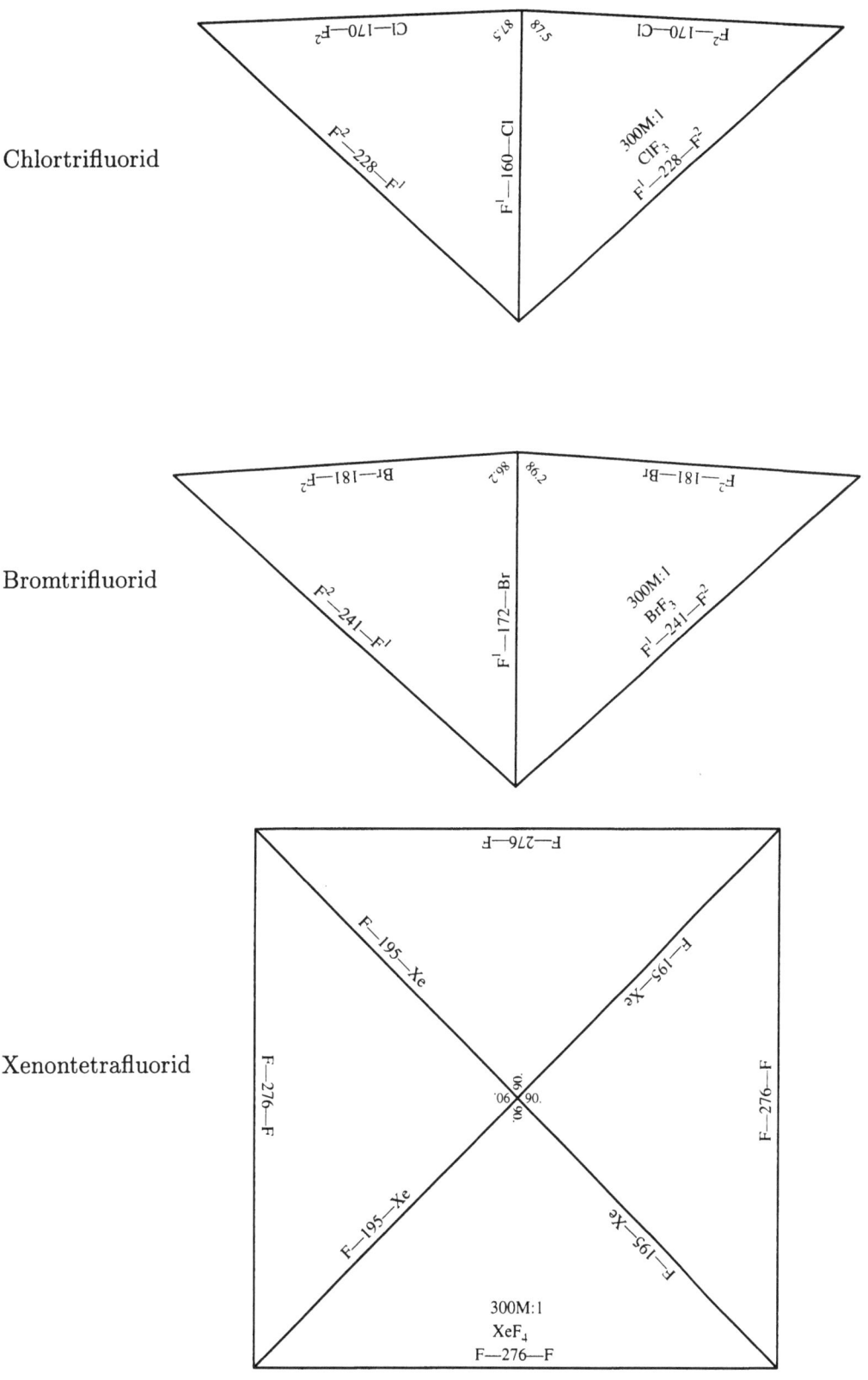

7 Diskussion der Fragen aus Kapitel 1

Seite 11

(a) Warum ist NH$_3$ nicht eben?

NH$_3$ besitzt insgesamt acht Valenzelektronen (fünf vom Stickstoff- und eins von jedem Wasserstoffatom). Nur sechs dieser Elektronen beteiligen sich an Bindungen, die anderen beiden befinden sich als „freies Elektronenpaar" am Stickstoff. Konzentrieren wir uns auf das freie Elektronenpaar und betrachten drei mögliche Strukturen für Ammoniak: (a) pyramidal mit Winkeln von 90°, (b) eben, mit Bindungswinkeln von 120° und (c) die tatsächliche Struktur mit Winkeln von etwa 107°.

(a) pyramidal-90°   (b) planar   (c) pyramidal-107°

Würden sich die Bindungen im 90°-Winkel zueinander befinden, so wären alle p-Orbitale am Stickstoff aufgrund ihrer Orientierung mit bindenden Elektronen besetzt, und es bliebe kein p-Orbital für das freie Elektronenpaar übrig. Es müßte das s-Orbital besetzen. Wenn andererseits NH$_3$ planar wäre, müßte das freie Elektronenpaar ein p-Orbital besetzen, weil nur ein solches übrig bliebe, wenn drei Bindungen in der Ebene ausgebildet würden. (Beginnend mit einem s-Orbital und drei p-Orbitalen bleibt ein p-Orbital übrig, wenn zunächst drei Orbitale zur Bindung besetzt werden.) Es würde sich gleichermaßen in beide Richtungen oberhalb und unterhalb der Atomebene erstrecken.

In Wirklichkeit beobachten wir etwas, daß zwischen diesen beiden Extremen liegt. Wir sagen, daß sich die Elektronen des freien Elektronenpaares (ebenso wie die Bindungselektronen) in sogenannten „Hybridorbitalen" befinden, die durch Kombination des s-Orbitals mit den drei p-Orbitalen gebildet werden. Der Winkel von 107° beweist, daß sich das freie Elektronenpaar in einem Orbital mit p-Charakter befindet, das ihm seine *Orientierung* verleiht. Was wir hier beobachten, sind die Folgen eines Molekülenergie-Balance-Aktes. s-Orbitale sind energieärmer als p-Orbitale, deshalb ist ein freies Elektronenpaar umso energieärmer, desto mehr s-Charakter es besitzt. Wenn aber andererseits das freie Elektronenpaar wie bei (a) das s-Orbital *allein* besetzt, dann werden die *Bindungselektronen* destabilisiert, weil sie keinen Anteil am s-Orbital mehr haben. Wenn man, wie in (b), das s-Orbital vollständig mit Bindungselektronen besetzt, ist das sogar noch ungünstiger, weil dann das freie Elektronenpaar in hohem Maße destabilisiert wird. Was wir beobachten, liegt zwischen diesen beiden Möglichkeiten.

Insgesamt bietet (c), wo sich sowohl das freie Elektronenpaar als auch die Bindungselektronen in sogenannten „Hybridorbitalen" befinden, die beste Möglichkeit.

Alle vier Atomorbitale des Stickstoffs werden gemeinsam von Bindungselektronen und freien Elektronenpaaren besetzt. Wir bezeichnen NH_3 als „sp^3-" hybridisiert.

(b) Sowohl CH_4 als auch NH_3 sind jeweils aus 10 Protonen, 10 Elektronen und einigen Neutronen aufgebaut. Vergleichen Sie die Struktur von NH_3 mit der von CH_4 (Seite 31). Wie gleichen sie sich, und wie unterscheiden sie sich?

Es ist interessant, die Strukturen von CH_4 und NH_3 zu vergleichen, weil beide exakt die gleiche Anzahl an Protonen und Elektronen besitzen. CH_4 ist *größer* als NH_3, und die H-C-H-Winkel in CH_4 sind größer als die H-N-H-Winkel in NH_3. Also bildet das NH_3-Molekül eine kleinere, steilere Pyramide als der CH_3-Teil von CH_4. (Basteln Sie beide Modelle, und gucken Sie, ob Sie das NH_3-Modell nicht unter dem CH_4-Modell verschwinden lassen können und sogar noch etwas Platz übrig behalten.) Was mag die Ursache dafür sein?

(c) Stellen Sie sich vor, CH_4 auf „magische" Weise in NH_3 zu verwandeln, indem Sie eines der Protonen, die wir auch als „H" bezeichnen, in den Kohlenstoffkern verschieben und diesen dadurch in „N" umwandeln. Wie lassen sich die strukturellen Unterschiede zwischen CH_4 und NH_3 mit dieser Umwandlung in Einklang bringen? Berücksichtigten Sie, daß Protonen Elektronen anziehen.

Die Idee, ein Proton von einem Kern einfach in einen anderen zu befördern, sich also eine Art „Kernchemie" bildlich vorzustellen, bezeichne ich als „Protonen-Umsiedelung". Das kann natürlich niemand wirklich tun, aber es macht Spaß, es sich vorzustellen. Im CH_4 befinden sich am zentralen C-Atom keine freien Elektronenpaare, und alle acht Valenzelektronen sind an Bindungen beteiligt; sie verbinden das C-Atom mit den vier Protonen. (Denken Sie daran, in Molekülen ist ein „H-Atom" nur ein Proton). Die Protonenumsiedelung, die von CH_4 zu NH_3 führt, hat, wie die Zeichnung zeigt, hauptsächlich zwei Effekte:

Methan   Ammoniak

- Das umgesiedelte Proton befindet sich jetzt in zentralerer Position und kann eine stärkere Anziehung auf *alle* Elektronen im Molekül ausüben. Deshalb führt die Umsiedelung eines Protons in eine zentralere Position voraussichtlich zur Verkleinerung des Moleküls.

- Die zwei Elektronen, die jetzt übrigbleiben (wie etwa bei der „Reise nach Jerusalem", wo einer der Stühle, in diesem Fall ein Orbital, plötzlich verschwindet), sind besonders betroffen. Sie wurden vorher von dem Proton, das wir als H-Atom bezeichnen, stabilisiert und sind auch jetzt noch auf Stabilisierung angewiesen. Diese erfahren sie dadurch, daß sie einen größeren Anteil eines s-Orbitals niedrigerer Energie am Zentralatom *auf Kosten anderer Elektronen* beanspruchen.

Der erste Punkt erklärt die kleinere Größe von NH_3 im Vergleich zu der von CH_4. Der zweite Punkt erklärt die Winkelunterschiede. Denken Sie daran, daß das Aufteilen der s- und p-Anteile der Molekülorbitale ein Nullsummen-Spiel ist. Durch die

Umwandlung von CH$_4$ in NH$_3$ gewinnt das freie Elektronenpaar an s-Charakter, um dem Proton in Richtung Atomkern zu folgen. Dieser s-Anteil stammt von den sechs Elektronen, die nicht zum freien Elektronenpaar gehören (also den verbleibenden sechs Bindungselektronen), sie verlieren entsprechend an s-Charakter. Die Bindungselektronen befinden sich noch immer in sp^3-Hybridorbitalen, aber sie haben jetzt etwas weniger s- und etwas mehr p-Charakter als vor der Umsiedelung.

(d) Stellen Sie sich vor, Sie verwandeln NH$_3$ auf dieselbe magische Weise in H$_2$O. Welche Struktur würden Sie für das Wassermolekül erwarten?

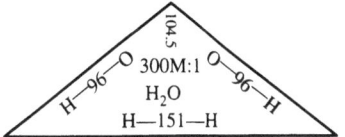

Die Modellvorlage für H$_2$O, ebenfalls im Maßstab 300.000.000 : 1, ist rechts abgebildet. Der X-H-Abstand in H$_2$O ist, ebenso wie der H-X-H-Winkel, kleiner als in NH$_3$. Der veränderte Abstand ist durch die Protonen-Umsiedelung leicht zu erklären. Aber wie ist es mit der Winkeländerung? War diese vorhersehbar? Ich denke nicht.

In H$_2$O gibt es zwei freie Elektronenpaare, und niemand schreibt vor, daß diese identisch sein müssen. Sowohl Berechnungen als auch Versuche zeigen, daß eines der freien Elektronenpaare in H$_2$O eine hohe Energie und reinen p-Charakter besitzt. Das bedeutet, daß sich die anderen Elektronen in sp^2-Orbitalen befinden, was im Idealfall zu Winkeln von 120° führt. Ausgehend von dieser Information würden wir erwarten, daß die H-O-H-Winkel in H$_2$O *größer* sind, als die H-N-H-Winkel in NH$_3$ (106,6°). Aber da ist noch das freie Elektronenpaar in der Ebene der Wasserstoffatome. Es sollte einen zusätzlichen s-Anteil beanspruchen und so den H-X-H-Winkel verkleinern. Sollte dieser dann kleiner sein als 106,6°? Wer kann das beurteilen? Wie sich herausstellt, ist der Winkel in Wasser mit 104,45° nur geringfügig kleiner als der in NH$_3$. Wir sollten einem Unterschied von 2° nicht allzuviel Bedeutung beimessen.

Die Tendenz zu abnehmender Winkelgröße von CH$_4$ über NH$_3$ zu H$_2$O wird häufig darauf zurückgeführt, daß freie Elektronenpaare mehr Raum beanspruchen als eine O-H-Bindung. Das ist allerdings fraglich. In unserer Argumentation erklärt sich der größere Winkel durch einen stärkeren s-Charakter. Wenn aber zwei freie Elektronenpaare in einem Molekül vorhanden sind, ist unklar, in welchem Ausmaß ein Elektronenpaar einen höheren s-Anteil auf Kosten der anderen Elektronen im System beanspruchen wird. Es ist gut möglich, daß dieser Trend auf sehr viel tiefer liegende Ursachen zurückgeht. Diese sollten nicht zu sehr vereinfacht werden, außer vielleicht als Gedächnisstütze, um einige Naturgegebenheiten zu behalten. Wir sehen an den nächsten Beispielen, daß nicht alles so einfach ist.

(e) Ammoniak und Wasser reagieren wie folgt unter Bildung eines Ammonium-Ions (NH$_4^+$) und eines Hydroxid-Ions (OH$^-$):

$$NH_3 \;+\; H_2O \longrightarrow NH_4^+ \;+\; OH^-$$

Was würden Sie für die Struktur von NH$_4^+$ (Seite 35) voraussagen? Welche Form, Winkel und Abstände?

Wenn man NH$_3$ ein äußeres Proton zuaddiert, erhält man Ammonium, NH$_4^+$. Es sollte dieselbe tetraedrische Grundform haben wie CH$_4$. Die Winkel in NH$_4^+$ sollten ebenfalls dieselben sein wie die in CH$_4$. Allerdings sollte NH$_4^+$ größer als NH$_3$, aber immer noch kleiner als CH_4 sein, weil das zusätzliche Proton nicht nur mit dem freien Elektronenpaar wechselwirkt, sondern mit allen Elektronen im Molekül und auf diese Weise jede N-H-Bindung im Vergleich zu NH_3 etwas lockert. Da CH_4 aber im Zentrum ein Proton weniger hat als NH_4^+, sollte es immer noch größer sein.

(f) Ammoniak und Bortrifluorid (BF_3, welches eben ist) reagieren unter Bildung von $BF_3 \cdot NH_3$. Welche Form nehmen Sie für $BF_3 \cdot NH_3$ (Seite 41) an?

Die Reaktion von NH_3 mit BF_3 führt zu einem Komplex, in dem die pyramidale Natur der NH_3-Einheit, nun in Form eines Tetraeders, erhalten bleibt. Der genaue Wert für den H-N-H-Winkel in $NH_3 \cdot BF_3$ ist nicht bekannt, aber Berechnungen zeigen, daß er bei 107° liegen sollte (Hehre, Seite 218). Es ist auch interessant, den B-F-Abstand in $BF_3 \cdot NH_3$ mit dem B-F-Abstand in BF_3 zu vergleichen.

Seite 13

(a) Wie sieht die Struktur von NF_3 im Vergleich zu von NH_3 (Seite 11) aus?

Ein Vergleich der Strukturen von NH_3 und NF_3 zeigt uns die Auswirkungen von Orbitalgröße und *Elektronegativität*, dem Maß für die Fähigkeit eines Atoms, in einer Atombindung das bindende Elektronenpaar an sich zu ziehen. NF_3 ist größer als NH_3 und hat kleinere Winkel. Die andere Größe hat mit zwei Faktoren zu tun:

- Die 2p-Orbitale des Fluors sind von sich aus größer als die 1s-Orbitale des Wasserstoffs.

- Die sechs freien Elektronenpaare an jedem Fluor verursachen Probleme, da sie das freie Elektronenpaar am Stickstoff stark abstoßen. Folglich hält die Elektronenpaar-Elektronenpaar-Abstoßung N und F auf größerer Distanz.

Der engere Winkel in NF_3 deutet auf einen stärkeren p-Charakter der Bindungselektronen in diesem Molekül. Wieder suchen wir die Erklärung beim freien Elektronenpaar. Wie wirkt sich die Anwesenheit der Fluoratome auf das freie Elektronenpaar aus? Fluor ist *elektronegativer* als Wasserstoff; das heißt, daß es die mit anderen Atomen geteilten Bindungselektronen stärker an sich zieht als H (wie in NF_3 und NH_3). Aus dieser höheren Elektronegativität folgt, daß alle Bindungselektronen im gesamten Molekül mehr Zeit dichter am F verbringen und weiter vom N entfernt. Das Ergebnis ist eine höhere *effektive Kernladung* des Stickstoffs in NF_3 gegenüber NH_3.

Das einsame Elektronenpaar am Stickstoff wird von dieser Ladung angezogen und zieht seinen Vorteil daraus, daß es stärkeren s-Charakter gewinnt. Dies läßt weniger s-Anteil für die Bindungselektronen in NF_3. Diese bleiben mit einem proportional höheren p-Anteil am Stickstofforbital zurück, was den X-N-X-Winkel näher an 90° rückt.

(b) Vergleichen Sie diese Struktur mit der von BF_3, die im selben Maßstab rechts gezeigt ist. Was für Unterschiede gibt es?

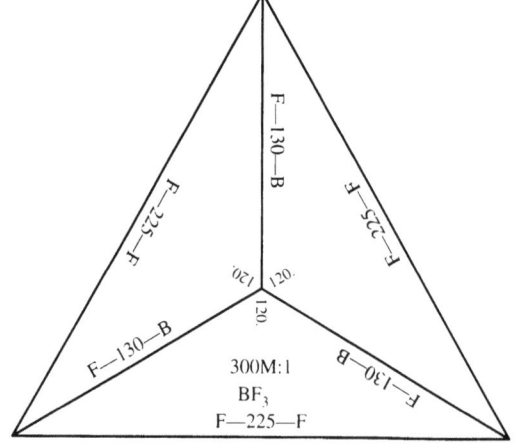

300M:1
BF_3

Der entscheidende Unterschied zwischen NF$_3$ und BF$_3$ besteht darin, daß in einem Molekül ein freies Elektronenpaar am Zentralatom vorhanden ist, im anderen nicht. BF$_3$ ist kleiner als NF$_3$ und planar anstelle von pyramidal. Beides ist darauf zurückzuführen, daß BF$_3$ nur sechs Valenzelektronen besitzt. Alle sechs sind an Bindungen beteiligt, und es gibt kein freies Elektronenpaar. Betrachten wir wieder die drei Möglichkeiten:

(a) planar   (b) pyramidal-90°   (c) pyramidal > 90°

Ohne freies Elektronenpaar am Zentralatom müssen nur Bindungselektronen stabilisiert werden. Wird das s-Orbital vollständig genutzt, beobachten wir Fall (b). In (a) und (c) wird s-Charakter in leeren Orbitalen „verschwendet". Für BF$_3$ ist es zusätzlich von Vorteil, daß das leere p-Orbital trotzdem zur Elektronenstabilisierung beitragen kann. Einige der Orbitale des Fluors können mit diesem so überlappen, daß sich eine *delokalisierte π-Bindung* bildet:

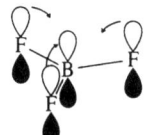

Obwohl sie nur schwach ist, verkürzt die π-Wechselwirkung die B-F-Bindung noch etwas mehr. Beachten Sie außerdem, daß es ohne freies Elektronenpaar am Zentralatom in BF$_3$ keine Elektronenpaar-Elektronenpaar-Abstoßung wie in NF$_3$ gibt.

(c) Was würden Sie für die Abstände und Winkel in CHF$_3$ (Seite 57) voraussagen?

In CHF$_3$ haben wir ein Proton aus dem zentralen Kern von NF$_3$ umgesiedelt und so das freie Elektronenpaar eingebunden. Das hat drei Dinge zur Folge:

- Das Herausziehen eines Protons aus dem zentralen Kern verringert seine Anziehung auf alle Elektronen im Molekül und trägt deshalb zu einer *Vergrößerung* der Abstände bei.

- Andererseits löst das „Einbinden" eines freien Elektronenpaares das Problem der Elektronenpaar-Elektronenpaar-Abstoßung und trägt so zur *Verkleinerung* der Abstände bei.

- Schließlich wird durch das Einbinden des freien Elektronenpaares s-Charakter zurück an andere Bindungselektronen gegeben, was den Winkeln weniger p-Charakter verleiht, sie also weniger senkrecht und damit *größer* macht.

Die ersten beiden Punkte widersprechen sich. Es stellt sich aber heraus, daß der zweite Faktor, die Elektronenpaar-Elektronenpaar-Abstoßung, gerade beim Fluor *besonders* gravierend ist, weil Fluoratome so klein und mit Elektronen bepackt sind. Deshalb hat CHF$_3$ kleinere X-F-Bindungsabstände und größere F-X-F-Winkel als NF$_3$. Diese Unterschiede sind unten dargestellt:

7 Diskussion der Fragen

(d) In CF$_4$ (Seite 33) betragen alle C-F-Abstände 132 pm und alle Winkel 109,5°. Die Struktur von OF$_2$ ist rechts zu sehen. Zeichnet sich hier ebenfalls ein Trend ab, wie er für die Reihe CH$_4$, NH$_3$, H$_2$O beobachtet wird?

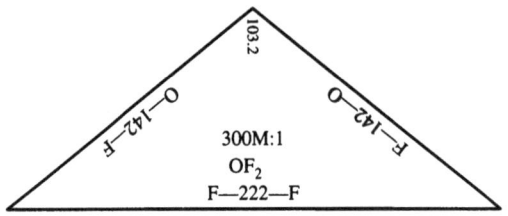

Falls die Reihe CF$_4$, NF$_3$, OF$_2$ eine aussagekräftige Tendenz zeigt, müßte man erwarten, daß der O-F-Abstand in OF$_2$ sogar noch größer ist als der N-F-Abstand von 137 pm in NF$_3$ und daß der F-O-F-Winkel noch kleiner ist als der F-N-F-Winkel von 102,5°. Der zunehmende Bindungsabstand bestätigt sich, die Winkelabnahme nicht. Aber ist dies überhaupt ein sinnvoller Vergleich? Im Gegensatz zu der Reihe CH$_4$, NH$_3$, H$_2$O haben hier nicht alle Moleküle die gleiche Anzahl Protonen und Elektronen. Der Übergang von CF$_4$ über NF$_3$ zu OF$_3$ ist völlig anders, denn der Unterschied zwischen einem Fluoratom und einem Wasserstoffatom ist wie der zwischen „Tag und Nacht".

Seite 15

(a) Wo liegen die Hauptunterschiede zwischen dieser Struktur und der von NH$_3$ (Seite 11) bzw. von NF$_3$ (Seite 13)?

NCl$_3$ ist viel größer als NH$_3$ und NF$_3$. Die Winkel liegen in derselben Größenordnung wie die in NH$_3$ und sind beträchtlich größer als die in NF$_3$.

(b) Warum sind die Abstände in NCl$_3$ so viel größer als die in NF$_3$?

Die größere Abmessung von NCl$_3$ im Vergleich zu NF$_3$ ist darauf zurückzuführen, daß Chlor in der dritten Periode des Periodensystems steht, Fluor aber in der zweiten. Die Valenzelektronen des Chlors (3s und 3p) sind deutlich weiter vom Kern entfernt als die des Fluors (2s und 2p). Dies führt bei Chlor *immer* zu größeren Abständen zwischen den Atomen als bei Fluor.

(c) Warum hat NCl$_3$ annähernd die gleichen Winkel wie NH$_3$?

Die ähnlichen Winkel in NCl$_3$ und NH$_3$ sind möglicherweise völlig zufällig und das Ergebnis vieler Faktoren. Vor allem gibt es keine vergleichbar starke Elektronenpaar-Elektronenpaar-Abstoßung, wenn eines der freien Elektronenpaare an einem Atom der zweiten Periode, wie Chlor, lokalisiert ist.

(d) Was sagen Sie für die Struktur von CHCl$_3$ (Seite 59) voraus?

In CHCl$_3$ haben wir ein Elektron aus dem zentralen Kern von NCl$_3$ umgesiedelt und auf diese Weise das freie Elektronenpaar eingebunden. Diese Situation entspricht der beim Vergleich von CH$_4$ mit NH$_3$. Die Abstände und Winkel in CHCl$_3$ sind größer als die in NCl$_3$, so wie die Abstände und Winkel in CH$_4$ größer sind als die in NH$_3$. Beachten Sie, daß beim Chlor nicht dasselbe Problem der Elektronenpaar-Elektronenpaar-Abstoßung auftritt, wie es für Fluor beobachtet wird. Fluor ist wirklich ein herausragendes Element. Ein enormer Teil seiner Chemie scheint darauf zu beruhen, daß es so klein und elektronenreich ist. Chlor weist nicht die gleiche Chemie auf wie Fluor, weil die 3p-Orbitale im Chor viel größer sind als die 2p-Orbitale im Fluor.

(e) Rechts sehen Sie die Struktur von OCl₂. Vergleichen Sie diese Struktur mit der von NCl₃, und machen Sie eine Voraussage für die Bindungsabstände in CCl₄.

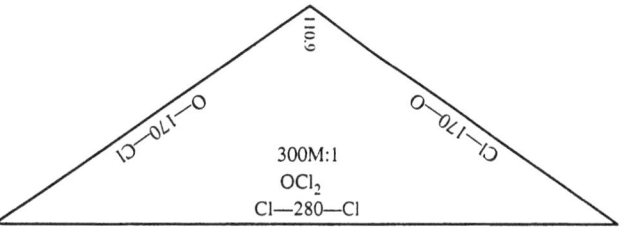

Die Reihe OCl₂, NCl₃, CCl₄ liefert nur in bezug auf die Abstände der Atome zueinander eine Aussage, da der Winkel in CCl₄ aus Symmetriegründen auf 109,47° festgelegt ist. Davon ausgehend würde man annehmen, daß der C-Cl-Abstand in CCl₄ mehr als 175 pm beträgt. (Tatsächlich sind es 177 pm.) Aber sind das wirklich noch aussagekräftige Vergleiche angesichts der Auswirkungen der freien Elektronenpaare, oder ist es nur eine zufällige Tendenz?

Seite 17

(a) Wie unterscheiden sich die Strukturen von NH₂CH₃ und NH₃ (Seite 11)? Können Sie die Unterschiede erklären?

Der H-N-H-Winkel in NH₂CH₃ ist etwas kleiner als der entsprechende Winkel in NH₃ (105,8° gegenüber 106,6°). Der CH₃-N-H-Winkel ist viel größer (112,2°). Dies liegt vermutlich vor allem daran, daß CH₃ viel größer als H ist.

(b) Vergleichen Sie die Struktur von NHF₂ mit der von OF₂ (Seite 13). Wie kann man die Unterschiede beim X-F-Abstand erklären?

Das Umsiedeln eines Protons des NHF₂ in das Zentralatom erzeugt OF₂ mit einem zusätzlichen freien Elektronenpaar. Gemäß unserer Beobachtungen bei NF₃ könnte dies zu Problemen führen und damit zu einem größeren X-F-Abstand in OF₂ gegenüber NHF₂. Dies ist tatsächlich auch der Fall.

(c) Stellen Sie sich vor, bei jedem dieser Moleküle ein Proton aus dem N „herauszuziehen" und auf diese Weise CH₃CH₃ (Seite 49) und CH₂F₂ zu erzeugen. Welche Voraussagen machen Sie für die Strukturen von CH₃CH₃ und CH₂F₂?

Die Umsiedelung eines Protons aus dem Zentralatom von NH₂CH₃ unter Bildung von CH₃CH₃ sollte dieselben Auswirkungen haben wie der Schritt von NH₃ zu CH₄: größere H-X-Abstände (keine Elektronenpaar-Elektronenpaar-Abstoßung hier) und eine gleichmäßigere Verteilung des s-Charakters (stärkerer „Tetraederwinkel"). Bei NHF₂ und CH₂F₂ zeigt sich wieder die Elektronenpaar-Elektronenpaar-Abstoßung. Sie bewirkt, was bereits für NF₃ und CHF₃ beobachtet wurde: Der C-F-Abstand in CH₂F₂ wird wegen des Fehlens eines freien Elektronenpaares in CH₂F₂ *kleiner* sein als der N-F-Abstand in NHF₂ (140 pm). Tatsächlich beträgt er 136 pm.

Seite 19

(a) Phosphor steht im Periodensystem direkt unter Stickstoff. Vergleichen Sie die Struktur von PH₃ bezüglich Form, Bindungslänge und -winkel mit der von NH₃?

PH$_3$ hat dieselbe pyramidale Form wie NH$_3$, aber die Abstände in PH$_3$ sind größer und die Winkel kleiner.

(b) Was haben Winkel von annähernd 90° in einer Molekülstruktur zu bedeuten?

Wie bereits bei der Diskussion von Frage (a) der Seite 11 (s. Seite 191) erwähnt: Sind drei Atome unter alleiniger Benutzung von p-Orbitalen an ein zentrales Atom gebunden, so stehen die drei Bindungen senkrecht aufeinander, wie auch die p-Orbitale senkrecht aufeinander stehen. Daher bedeuten die Winkel von annähernd 90° in PH$_3$, daß die Bindungselektronen im Molekül über einen starken p-Charakter verfügen.

(c) Rechts wird die Stuktur von H$_2$S im gleichen Maßstab gezeigt. Wie erklären Sie die Strukturunterschiede zwischen H$_2$S und PH$_3$?

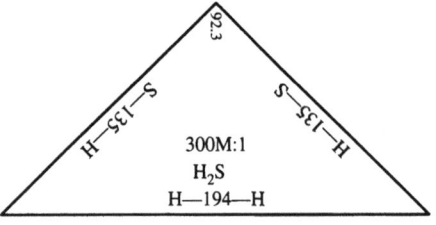

Wie die Unterschiede zwischen H$_2$O und NH$_3$ können auch die zwischen H$_2$S und PH$_3$ durch eine Protonenumsiedelung erklärt werden. Die geringere Größe von H$_2$S kann auf die stärkere Kernanziehung der Elektronen zurückgeführt werden. Der Unterschied zwischen den Winkeln ist so gering, daß er wahrscheinlich bedeutungslos ist. Offensichtlich ist nur eine geringe Rehybridisierung erforderlich. (Denken Sie daran, daß das freie Elektronenpaar in PH$_3$ offensichtlich allen verfügbaren s-Charakter im System besitzt.)

(d) Was erwarten Sie für die Form, Bindungslängen und -winkel von SiH$_4$ (Seite 61)?

Im Gegensatz zu den signifikanten Unterschieden zwischen PH$_3$ und NH$_3$ stellt SiH$_4$ eine größere Version von CH$_4$, einen idealen Tetraeder mit Winkeln von 109,47°, dar. SiH$_4$ sollte aufgrund der Protonenumsiedelung größer sein als PH$_3$. Tatsächlich beträgt der Si-H-Abstand in SiH$_4$ 154 pm, der P-H-Abstand in PH$_3$ 142 pm.

(e) Warum ist PH$_3$ weniger basisch als NH$_3$?

PH$_3$ ist (fast vollständig) unbasisch (pK$_b \approx$ 26). Die Hauptursache dafür liegt in der *Rehybridisierung*. Das 3s-Orbital am Phosphoratom, das von dem freien Elektronenpaar in PH$_3$ besetzt wird, ist energiearm. Damit das freie Elektronenpaar mit einer Säure reagiert, müßten die Elektronen aus der Tiefe ihres s-Orbitals hervorgeholt werden. Das passiert aber einfach nicht. Im Gegensatz dazu stellt die Rehybridisierung beim Ammoniak (pK$_b$ = 4,75) kein Problem dar, da beim freien Elektronenpaar bereits eine Hybridisierung erfolgt ist, die dem sehr ähnlich ist, was für NH$_4^+$ gebraucht wird.

Seite 21

(a) NF$_3$ hat kleinere Winkel als NH$_3$. Warum sind die Winkel in PF$_3$ *größer* als die in PH$_3$ (Seite 19)?

Verglichen mit PH$_3$ ist PF$_3$ größer und hat die weiteren Winkel. Dieser Winkelunterschied steht im *Gegensatz* zu dem, was für NH$_3$/NF$_3$ beobachtet wird, wo NF$_3$ die kleineren Winkel hat. Beachten Sie, daß die Winkel von annähernd 90° in PH$_3$ auf ein freies Elektronenpaar mit fast ausschließlichem s-Charakter deuten. Ein Wechsel von H zu F kann dem freien Elektronenpaar kaum einen stärkeren s-Charakter verschaffen und daher die Bindungswinkel auch nicht mehr signifikant in Richtung 90° verändern. Stattdessen wird durch die F-F-Elektronenpaar-Abstoßung der Winkel vergrößert.

(b) Warum sind die Winkel in PF$_3$ kleiner als die in NF$_3$ (Seite 13)?

Die kleineren Winkel in PF$_3$ – verglichen mit denen in NF$_3$ – sind möglicherweise darauf zurückzuführen, daß Phosphor in der dritten, Stickstoff aber in der zweiten Periode des Periodensystems steht. Je weiter man im Periodensystem nach unten geht, desto größer wird die Kluft zwischen den Valenz-s- und -p-Orbitalen der Atome. Daraus folgt, daß es immer schwieriger wird, die s-Orbitale in die Bindung mit anderen Atomen einzubeziehen. Der Winkel von annähernd 90° in PF$_3$ bedeutet daher, daß es offensichtlich keinen wesentlichen Vorteil bringt, das 2s-Orbital des Phosphors für die Bindung in diesem Molekül zu nutzen.

(c) Vergleichen Sie die Struktur von PF$_3$ mit der des Oxidationsproduktes, POF$_3$ (Seite 65). Wie erklären Sie die Unterschiede?

In POF$_3$ sind die P-F-Abstände geringer und die F-P-F-Winkel größer als in PF$_3$. Daraus resultiert, daß die F-F-Abstände in den beiden Molekülen annähernd identisch sind. Es scheint fast so, als sei alles außer dem zentralen Phosphoratom „angehoben".

Bei der Oxidation wird primär Elektronendichte vom Zentralatom „weggezogen" und somit der Kern effektiv gestärkt. Dies führt zu geringeren Atom-Abständen. Der größere Winkel in POF$_3$ ist ein Zeichen dafür, daß s-Charakter vom freien Elektronenpaar an die P-F-Bindungselektronen abgetreten wurde. Der sehr viel kürzere P-O-Abstand gegenüber P-F wird manchmal als Hinweis darauf gewertet, daß die einsamen Elektronenpaare des Sauerstoffs an *π-Bindungen* beteiligt sind.

(d) Worin besteht der Zusammenhang zwischen der „Oxidation", wie sie hier diskutiert wird, und der Oxidation von Fe^{2+} zu Fe^{3+}?

Oxidation im elementarsten Sinne bedeutet das Entfernen von Elektronen. Eine Form der Oxidation stellt das vollständige Entfernen von Elektronen wie beim Übergang von Fe^{2+} zu Fe^{3+} dar. Eine andere Art, die wir hier betrachten, ist subtiler und bezieht sich auf eine geringfügige Verschiebung der Elektronendichte vom Zentralatom weg. Oxidation kann auch durch die Reaktion mit Halogenmolekülen wie F$_2$ und Cl$_2$ erfolgen. Dabei werden Elektronen, die sich anfänglich am Zentralatom befanden (meist ein freies Elektronenpaar), durch die Elektronegativität des Halogens sozusagen „herausgezogen". Mehr dazu findet sich bei der Diskussion der Frage von Seite 65 (die auf Seite 210 steht), wo die Oxidation und ihre Auswirkungen auf die Struktur weiter diskutiert werden.

(e) Was sagen Sie für die Struktur von SiHF$_3$ voraus?

Sowohl SiHF$_3$ als auch POF$_3$ lassen sich durch den Verlust eines freien Elektronenpaares mit starkem s-Charakter von PF$_3$ ableiten. Der freiwerdende s-Anteil fließt in die Bindung ein, und wir würden deshalb kürzere Abstände und größere Winkel sowohl für POF$_3$ als auch für SiHF$_3$ erwarten. Andererseits hat das Zentralatom in SiHF$_3$ ein Proton weniger, was wiederum zu längeren Bindungen führen müßte. Wie sich herausstellt, sind die X-F-Abstände in SiHF$_3$ und PF$_3$ gleich.

(f) Rechts ist die Struktur von SF$_2$, einem extrem instabilen Molekül, dargestellt. Welche Entwicklung zeichnet sich für die Winkel und Abstände der Fluoride entlang der dritten Periode ab, wenn Sie die Strukturen von SF$_2$ und PF$_3$ mit der von SiF$_4$ vergleichen? Ist hier dieselbe Entwicklung zu beobachten wie für die Reihe CF$_4$ (Seite 33), NF$_3$ (Seite 13) und OF$_2$ (Seite 183)?

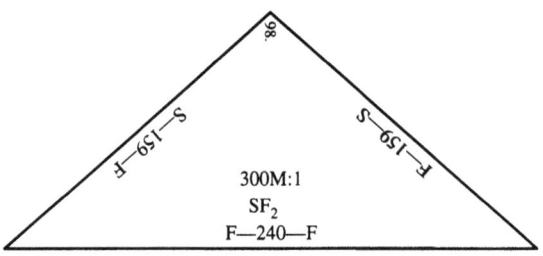

Vergleichen wir die Winkel in den Strukturen von SiF$_4$ (109,5°), PF$_3$ (97,8°) und SF$_2$ (98°), so erkennen wir wiederum, daß sich keine klare Linie abzeichnet. Das entspricht den Erkenntnissen für CF$_4$/NF$_3$/OF$_2$ (Seite 196) und CCl$_4$/NCl$_3$/OCl$_2$ (Seite 197). Beim Abstand ist die Tendenz dieselbe wie bei den Fluoriden der zweiten Periode (CF$_4$, NF$_3$, OF$_2$), wo der Abstand größer wird, obwohl wir die zentrale Kernladung sogar erhöhen. Vermutlich ist dies erneut auf die extrem hohe Elektronegativität des Fluors zurückzuführen.

Seite 23

(a) Vergleichen Sie die Abstände in PCl$_3$ mit denen in PF$_3$ (P-F 157 pm) und PBr$_3$ (P-Br 220 pm). Erscheinen die Abstände in PCl$_3$ vernünftig?

Ja, denn die Abstände in PCl$_3$ liegen zwischen denen in PF$_3$ und PBr$_3$. Cl steht im Periodensystem unter F und über Br, was bedeutet, daß es in der Größe dazwischen liegt.

(b) Vergleichen Sie diese Struktur mit der von NCl$_3$ (Seite 15)?

Wie PF$_3$ im Vergleich mit NF$_3$ (siehe Seite 199) ist PCl$_3$ größer als NCl$_3$ und hat kleinere Winkel. Wir führen dies erneut darauf zurück, daß Phosphor sein 2s-Orbital nicht zur Bindung einsetzt, wenn es nicht unbedingt erforderlich ist.

(c) Rechts ist die Struktur von SCl₂ abgebildet. Was können wir aus dem Vergleich der Strukturen von SiCl₄ (Si-Cl 201 pm), PCl₃ und SCl₂ lernen?

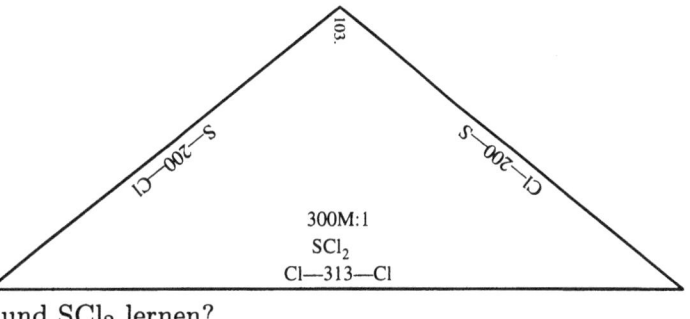

Es zeichnet sich keine Tendenz irgendeiner Art bezüglich Winkel oder Abstand für die Reihe SiCl₄, PCl₃, SCl₂ ab. Dies stimmt mit unseren Erkenntnissen über die Fluoride überein. Wir müssen vorsichtig sein, Tendenzen eine Bedeutung zuzuschreiben, wenn die Moleküle von Grund auf so verschieden sind wie in der Reihe SiCl₄, PCl₃ und SCl₂. Es ist gefährlich, in einen begrenzten Satz von Daten zu viel hineinzuinterpretieren.

(d) Was würden Sie für die Struktur von POCl₃ erwarten?

Wie beim Vergleich von POF₃ mit PF₃ (Seite 199) hat POCl₃ kleinere P-Cl-Abstände (199 pm) und größere Cl-P-Cl-Winkel (103,5°) als PCl₃. Dies ist aufgrund der Oxidation zu erwarten.

(e) Was würden Sie für die Struktur von SiHCl₃ erwarten?

Beim Vergleich von SiHCl₃ mit PCl₃ stellt man fest, daß die Cl-P-Cl-Winkel in PCl₃ kleiner sind als die Cl-Si-Cl-Winkel in SiHCl₃ und daß die X-Cl-Abstände in PCl₃ etwas größer sind. Der Winkelunterschied ist einleuchtend, da ein freies Elektronenpaar, speziell am Phosphor, dazu neigt, einen zusätzlichen Anteil am s-Orbital zu beanspruchen, was die P-Cl-Bindungen zusammendrückt. Der Unterschied zwischen den Abständen ist ähnlich dem, der für NF₃ und CHF₃ beobachtet wird, obwohl auch hier der Effekt der Elektronenpaar-Elektronenpaar-Abstoßung beobachtet wird.

Seite 25

(a) Welcher Zusammenhang besteht zwischen PHF₂ und SF₂ bezüglich der Protonen und Elektronen?

PHF₂ hat exakt dieselbe Anzahl Elektronen und Protonen wie SF₂. Beide unterscheiden sich nur durch die Lage eines Protons.

(b) Rechts ist die Struktur von SF₂ abgebildet. Sind die sehr geringen Strukturunterschiede zwischen PHF₂ und SF₂ plausibel?

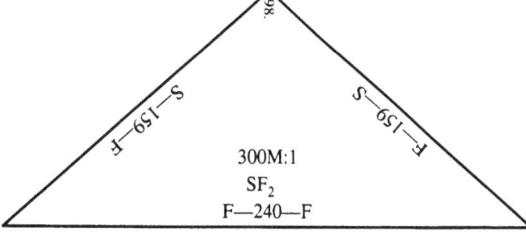

Der geringfügig kleinere F-X-F-Winkel in SF₂ zeigt, daß die Umsiedelung des Protons in den zentralen Kern den s-Charakter der Bindungselektronen etwas verringert haben könnte. Die Bindungsunterschiede sind aber nur gering, was ein Zeichen dafür ist, daß es die *Elektronen des freien Elektronenpaares* sind und nicht die Bindungselektronen in PHF$_2$, die stärker von der Protonenumsiedelung betroffen sind.

(c) Stellen Sie sich vor, Sie fügen dem Phosphor ein Sauerstoffatom hinzu, um HPOF$_2$ zu erhalten. Was für eine Struktur würden Sie erwarten?

Oxidation, also das „Wegziehen" von Elektronen vom Zentralatom, sollte zu kürzeren Atomabständen führen und zu einem stärkeren s-artigen Bindungscharakter (größere Bindungswinkel). Dies ist bei der Oxidation von PHF$_2$ zu HPOF$_2$ der Fall. Wie sich herausstellt, wird der F-P-H-Winkel (102° in HPOF$_2$ gegenüber 96° in HPF$_2$) stärker verändert als der F-P-F-Winkel, welcher 100° in HPOF$_2$ und 99° in HPF$_2$ beträgt.

(d) Phosphor steht im Periodensystem direkt unter Stickstoff. Welcher Zusammenhang besteht zwischen den Strukturen von NHF$_2$ (Seite 17) und PHF$_2$?

In PHF$_2$ sind alle Abstände größer als die in NHF$_2$, die Winkel in PHF$_2$ sind kleiner als die in NHF$_2$. Dieses Ergebnis ist typisch für Vergleiche zwischen der dritten und zweiten Periode.

Seite 27

(a) Warum sind sich die Strukturen von IO$_3^-$ und XeO$_3$ so ähnlich?

IO$_3^-$ und XeO$_4$ sind *isoelektronisch*, daß heißt, sie haben die gleiche Anzahl an Elektronen.

(b) Warum sind die Abstände in IO$_3^-$ größer als die in XeO$_3$?

Die Abstände in IO$_3^-$ (180 pm) sind größer als die in XeO$_3$ (176 pm). XeO$_3$ verfügt im Vergleich zu IO$_3^-$ über ein zusätzliches Proton, das dem Zentralatom eine stärkere Kernanziehungskraft verleiht. Es ist interessant, diese Systeme mit IO$_4^-$ (Seite 75) und XeO$_4$ (Seite 77) zu vergleichen, um zu prüfen, ob die Auswirkungen von Oxidation und veränderter Protonenzahl auch dort zu beobachten sind.

Seite 31

(a) Vergleichen Sie die Struktur von CH$_4$ mit der von NH$_4^+$ (Seite 35) und BH$_4^-$ (Seite 37), die beide ebenfalls über 10 Elektronen verfügen. Wie erklären Sie die Größenunterschiede?

BH$_4^-$, NH$_4^+$ und CH$_4$ sind isoelektronisch. Ihre Größe nimmt mit zunehmender Anzahl der Protonen (= zunehmende Kernanziehungskraft) ab. BH$_4^-$ ist daher größer als CH$_4$, was wiederum größer als NH$_4^+$ ist.

(b) In allen einfachen Derivaten des Methans variiert der X-C-Y-Winkel von 109,47° um nie mehr als wenige Grad. Was ist so besonders an dem Winkel von 109,47°?

Der Winkel von 109,47° ist der zentrale Winkel eines idealen Tetraeders. Das heißt, es ist der zentrale Winkel über der Oberfläche eines Würfels.

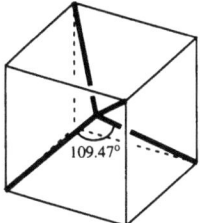 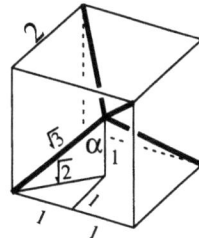

Diese Anordnung sorgt für den größtmöglichen Abstand, den vier Objekte voneinander haben können, wenn sie tetraedrisch um einen zentralen Punkt angeordnet sind. Eine andere Möglichkeit, diesen Winkel auszudrücken, lautet 2α, mit $\cos\alpha = 1/\sqrt{3}$.

(c) Methan ist das klassische tetraedrische Molekül mit „vier äquivalenten Bindungen". Aber sind diese wirklich äquivalent? Experimente deuten darauf hin, daß sie es nicht sind, obwohl die „*Verbindungen*" zwischen den C- und H-Atomen identisch sind. Wie kann das sein?

Das ist eine Fangfrage. Wenn Sie denken, daß alle Bindungen äquivalent sein müssen, weil ein Molekül tetraedrisch ist, dann sind Sie dem Irrtum aufgesessen, der alle befällt, die glauben, daß „Hybridisierung" eine genaue Lokalisierung der Elektronen in vier identische, räumlich ausgerichtete Bindungen erfordert, von denen jede in Richtung eines anderen H-Atoms weist. Meine Lieblingsanalogie vergleicht diese vier Protonen des Methans mit vier Leuten, die sich eine Mahlzeit teilen:

Stellen Sie sich vier Leute vor, die sich zum Mittagessen setzen. Wir würden gerne wissen, was es zu Essen gibt, aber unglücklicherweise sind wir im Eßzimmer nicht zugelassen. Stattdessen können wir nur raten, was sie essen. Als sie aus dem Zimmer kommen, fragen wir, was sie gegessen haben. Jeder sagt *genau dasselbe*: „Naja, es hatte etwas von einer Orange, – aber irgendwie war es auch wie ein Apfel."

Einer nach dem anderen erzählt uns dieselbe Geschichte. Verwirrt versuchen wir uns vorzustellen, was sie gegessen haben. „Ah!" ruft einer von uns aus, „ich weiß, was es war! Sie haben eine neue *Hybrid*frucht gegessen, – den „Orangenapfel", eine Mischung aus einem Apfel und einer Orange. Das erklärt alles!"

Nun, das ist großartig und eine Zeitlang glauben wir, daß diese neue Frucht tatsächlich existiert. Einige Leute erzählen uns sogar, daß es vernünftig ist, Obst in dieser Weise zu hybridisieren. Aber niemand erhält je einen *Beweis* für einen Orangenapfel. Dann kommen wir auf die Idee, in den Raum hineinzugehen und selber nachzusehen, was übriggeblieben ist, nachdem die Vier herausgekommen sind. Was wir entdecken, ist sehr einfach und etwas peinlich: drei Kerngehäuse und die Schale einer Orange. Sie haben das Obst gerecht untereinander *geteilt*. Jeder bekam Dreiviertel eines Apfels und ein Viertel einer Orange. Das ist alles. Es war kein echtes „Hybrid" nötig. Alle haben genau dasselbe gegessen.

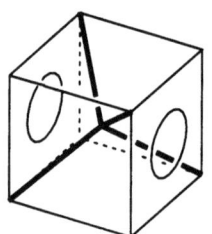 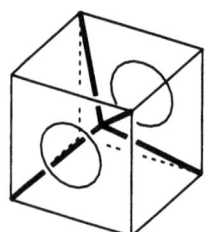 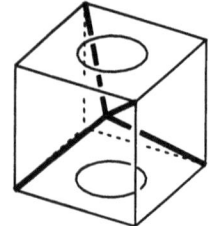
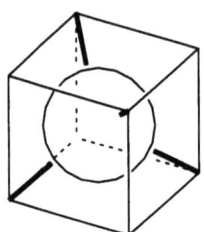

Ähnlich ist es im Falle des CH$_4$. Experimente haben immer wieder gezeigt, daß jede der C-H-*Verbindungen* gleich ist. Nichtsdestoweniger spricht die *Photoelektronen-Spektroskopie* gegen die Existenz von vier räumlich getrennten, elektronisch äquivalenten Hybridorbitalen. Vielmehr gibt es Anhaltspunkte für drei energetisch höhere elektronische Niveaus in CH$_4$ und ein energetisch niedrigeres Niveau, – genau wie es auch für Neon beobachtet wird. Hybridisierung kann einfach als das Teilen von Atomorbitalen interpretiert werden. Die vier Molekülorbitale des Methans sind aus den vier Valenz-Orbitalen des Kohlenstoffs aufgebaut, wie oben gezeigt.

In dieser Abbildung wird jedes p-Orbital durch zwei Kreise auf gegenüberliegenden Seiten des Würfels dargestellt. Jedes befindet sich direkt *zwischen* den Verbindungslinien (nicht den *Bindungen!!*) der Wasserstoffatome und des zentralen Kohlenstoffs. Jedes wechselwirkt mit allen *vier* Wasserstoffatomen in gleicher Weise. Somit erfordert Hybridisierung keine Lokalisierung. Die Beobachtung von vier äquivalenten Protonen in CH$_4$ erzwingt keine vier äquivalenten Molekülorbitale, und wir können von „sp^3-hybridisierten" Orbitalen sprechen, ohne Elektronenpaare auf die Linien unserer Zeichnungen setzen zu müssen.

Seite 33

(a) Vergleichen Sie die Struktur von CF$_4$ mit der von CH$_4$ (Seite 31).

CF$_4$ hat exakt dieselbe Form wie Methan, es ist lediglich größer.

(b) Was würden Sie für die Strukturen von BF$_4^-$ (Seite 39) und BeF$_4^{2-}$ vorhersagen?

BF$_4^-$ hat ein Proton weniger als CF$_4$, deshalb sollte es größer sein. BeF$_4^{2-}$ sollte noch größer sein, was sich auch bestätigt, der Be-F-Abstand beträgt 157 pm.

Seite 35

Das Ammonium-Ion ist als schwache Säure extrem wichtig, mit ihr stellt sich schnell folgendes Gleichgewicht ein:

$$NH_4^+ + H_2O \rightleftharpoons H_3O^+ \; NH_3$$

Welches ist die schwächere Säure, H_3O^+ oder NH_4^+? Das heißt, welche hält ihr Proton stärker fest und warum?

Experimente zeigen, daß NH_4^+ seine Protonen 10^{11} (einhundert Trillionen) mal stärker festhält als H_3O^+. Dieser hohe Wert zeigt, daß NH_4^+ eine viel, viel schwächere Säure ist als H_3O^+. Das Modell der Protonen-Umsiedelung liefert eine mögliche Erklärung. H_3O^+ hat ein *Kern*-Proton mehr als NH_4^+. Diese zusätzliche Kernladung zieht alle Elektronen im Molekül stärker an und macht sie für Bindungen weniger zugänglich.

Seite 37

(a) Wie erklären Sie die Beobachtung, daß BH_4^- so viel größer als CH_4 (Seite 31) ist?

Verglichen mit CH_4 hat BH_4^- weniger Protonen im Kern. BH_4^- sollte also größer sein als CH_4, was es auch ist.

(b) „H^-" wird als *Hydrid* bezeichnet und besteht aus zwei Elektronen und einem Proton. BH_4^- wird als „Hydrid-Quelle" betrachtet, weil es in vielen Reaktionen unter Übertragung eines H^- auf andere Moleküle als Hydridspender fungiert:

$$BH_4^- + X \longrightarrow \text{„}BH_3\text{"} + HX^-$$

„BH_3" existiert, ebenso wie „H^-", in dieser Form nicht. Was manchmal als BH_3 bezeichnet wird, ist in Wirklichkeit B_2H_6 (Seite 143). Warum sind H^- und BH_3 so reaktiv, daß sie in freier Form nicht existieren?

Die zwei Elektronen in H^-, die nur durch ein Proton zusammengehalten werden, benötigen dringend Stabilisierung. So ziemlich jedes Molekül ist dabei recht, solange es nur ein verfügbares leeres Orbital hat. BH_3 mit seinem verfügbaren zentralen p-Orbital ist selbst so ein hypothetisches Molekül. Daher ist BH_4^- verglichen mit freiem BH_3 oder H^- relativ stabil. Das freie p-Orbital in BH_3 ist besonders gut verfügbar, da die Wasserstoffatome selber keinen Nutzen daraus ziehen können (wie es z.B. in BF_3 der Fall ist). Deshalb reagiert BH_3 mit einem zweiten BH_3-Molekül zu B_2H_6, was einigen der Elektronen in jedem Molekül zur Stabilisierung verhilft. Am Modell von B_2H_6 (Seite 143) können Sie erkennen, daß der äußere H-B-H-Winkel immer noch um 120° liegt – tatsächlich ist er ein bißchen *größer* als 120°.

Seite 39

(a) Warum ist BF_4^- so viel größer als BH_4^- (Seite 37)?

Alle X-F-Bindungen sind länger als die entsprechenden X-H-Bindungen. Fluor benutzt seine 2p-Orbitale zur Bindung, Wasserstoff dagegen sein 1s-Orbital.

(b) Warum ist BF_4^- so viel kleiner als BeF_4^{2-} (Be-F 157 pm)?

Mit der geringeren Anzahl Kernprotonen sollte BeF_4^{2-} größer als BF_4^- sein. Tatsächlich beträgt der Be-F-Abstand in BeF_4^{2-} eindrucksvolle 157 pm, was es sogar noch größer als SiF_4 macht.

(c) Vergleichen Sie die Struktur von BF_4^- mit der von BF_3 (Seite 13). Wie erklären Sie die Unterschiede?

Die B-F-Abstände in BF_4^- (141 pm) sind viel größer als die B-F-Abstände in BF_3 (130 pm). Es sind drei Ursachen für diesen Unterschied denkbar, die vermutlich alle zur realen Situation betragen. (1) einfache Elektrostatik: Die vier Fluoratome in BF_4^- teilen sich die vorhandene negative Ladung und stoßen sich deshalb gegenseitig stärker ab als die drei Fluoratome in BF_3. (2) Rehybridisierung: Das s-Orbital des Boratoms in BF_3 wird von drei Fluoratomen geteilt, während es in BF_4^- von vieren geteilt wird. Das bedeutet, daß jede B-F-Bindung einen geringeren s-Anteil in BF_4^- für sich beanspruchen kann, und ein schwächerer s-Charakter bedeutet generell längere Bindungen. (3) Delokalisierung: Das leere p-Orbital in BF_3 ist nicht wirklich leer. Tatsächlich deuten Berechnungen darauf hin, daß die freien Elektronenpaare jedes Fluoratoms einen Teil dieses Raumes besetzen und so eine zusätzliche Stabilisierung erfahren. Diese sogenannte *delokalisierte π-Bindung* rückt die Atome in BF_3 etwas zusammen. Eine solche ist in BF_4^- nicht möglich, da dort kein leeres p-Orbital zur Verfügung steht, was genutzt werden könnte.

Seite 41

(a) *Lewis-Basen* fungieren bei einer Reaktion als Elektronenpaar-Donatoren, *Lewis-Säuren* als Elektronenpaar-Akzeptoren. Dieses Addukt ist das klassische Beispiel für das Ergebnis einer Lewis-Säure/Base-Reaktion. Welches war die Lewis-Säure und welches die Lewis-Base?

Bei der Bildung des $BF_3 \cdot NH_3$-Adduktes fungiert NH_3 als Lewis-Base und BF_3 als Lewis-Säure.

(b) Hier wurden die N-H-Abstände nicht genau bestimmt. Würden Sie erwarten, daß sie größer oder kleiner sind als die N-H-Abstände in NH_3?

Da der NH_3-Teil dieses Adduktes als Elektronen-Donator fungiert, wird daraus eine leicht positive Ladung resultieren. Dies führt fast sicher zur selben Situation wie in NH_4^+, wo die N-H-Abstände größer sind als in NH_3.

(c) Im Vergleich zu BF_3 (Seite 13) sind die B-F-Abstände in $BF_3 \cdot NH_3$ signifikant länger. Warum?

Wie bei BF_4^- im Vergleich zu BF_3 (siehe oben) gibt es eine dreifache Antwort. Die elektrostatische Abstoßung der Fluoratome, die Rehybridisierung von einer „sp^2" zu einer „sp^3"-Bindung sowie der Verlust der π-Elektronen-Delokalisierung spielen hier eine Rolle.

Seite 43

(a) Obwohl BH$_3$ in freier Form nicht existiert, ist dies ein Beispiel für einen seiner stabilen Komplexe. Können Sie eine Reaktionsgleichung zur Bildung aus B$_2$H$_6$ und PF$_3$ formulieren?

Bitte sehr:

$$B_2H_6 + 2PF_3 \longrightarrow 2BH_3 \cdot PF_3$$

(b) In der analogen Struktur, CH$_3$-SiF$_3$, beträgt der C-Si-Abstand 188 pm. Wie erklären Sie den geringeren Abstand von 184 pm für B-P in BH$_3 \cdot$PF$_3$?

Obwohl CH$_3$-SiF$_3$ und BH$_3 \cdot$PF$_3$ auf den ersten Blick wenig gemeinsam haben, unterscheiden sie sich nur durch die Position eines Protons. Die B-P-Bindung ist stärker *ionisch* als die C-Si-Bindung, was der Verbindung zwischen Bor und Phosphor eine besondere Stärke verleiht. Das führt in diesem Fall sowie in zahlreichen weiteren zu kleineren Atomabständen.

Seite 45

Vergleichen Sie die Struktur von BH$_3 \cdot$PF$_3$ mit der von POF$_3$ (Seite 65). Beide kann man sich als PF$_3$-Moleküle vorstellen, die jeweils mit einer „Elektronenmangel-Einheit" (O bzw. BH$_3$) reagiert haben. Inwieweit ähneln sie sich in Bezug auf die PF$_3$-Einheit?

Die Adduktbildung zu BH$_3 \cdot$PF$_3$ wirkt sich auf PF$_3$ ähnlich aus, wie die Oxidation zu POF$_3$. In beiden Fällen wird das einsame Elektronenpaar zur Bindung herangezogen. Tatsächlich haben PF$_3 \cdot$BH$_3$ und PF$_3$O beide die gleiche Anzahl an Protonen und Elektronen! Nicht überraschend führt die Umsiedelung von drei Protonen in den Borkern, die dann Sauerstoff liefert, zu einer viel stärkeren Anziehung der Bindungselektronen in POF$_3$ durch den Kern. Der P-O-Abstand in POF$_3$ (144 pm) ist sehr viel kleiner, als der P-B-Abstand im Boran-Addukt (184 pm).

Seite 47

(a) Sollten die B-H-Abstände im hypothetischen BH$_3$-Molekül größer oder kleiner sein als die B-H-Abstände in BH$_3 \cdot$CO?

Bei der Bildung dieses Adduktes fungiert CO als Lewis-Base und BH$_3$ als Lewis-Säure. Dies ist vergleichbar mit der Bildung von BH$_4^-$ aus BH$_3$. (Siehe dazu die Diskussion auf Seite 205). Das Bor in BH$_3 \cdot$CO ist deshalb eine Art Mittelding zwischen dem in BH$_3$ und dem in BH$_4^-$. Da die B-H-Bindungen in BH$_3 \cdot$CO (119 pm) kürzer sind als in BH$_4^-$ (125 pm), sollten die B-H-Bindungen in BH$_3$ noch kürzer sein.

(b) Der C-O-Abstand in BH$_3 \cdot$CO beträgt 113 pm. Dies ist exakt der Abstand in Kohlenmonoxid selber. Wie kommt es dazu?

Wenn CO als Lewis-Base fungiert, ist hauptsächlich das am Kohlenstoff lokalisierte Orbital mit dem freien Elektronenpaar beteiligt. Nach der Molekülorbital-Theorie ist dieses einsame Elektronenpaar aber im gesamten Molekül delokalisiert. Es befindet sich im „höchsten besetzten σ-Molekülorbital" (σ-HOMO), das vor allem *nichtbindenden* Charakter hat.

Die meisten einführenden Chemiebücher bezeichnen dieses Orbital als σ^b, vermutlich um die Dinge zu vereinfachen. Dies ist ein Fehler, der darauf beruht, daß man vergißt, s- und p-Atomorbitale zu mischen. Eine korrigierte Version des Molekülorbital-Diagramms für die zweiatomigen 10-e$^-$-Moleküle ist hier dargestellt. Beachten Sie, daß es zwei Orbitale enthält, die als σ^n bezeichnet werden, was für „σ-nichtbindend" steht. In CO werden diese beiden Orbitale durch die freien Elektronenpaare besetzt. Das energetisch niedrigere Paar ist in Richtung des Sauerstoffatoms gerichtet, das energetisch höhere Paar in Richtung des Kohlenstoffs. Ob das energetisch höchste σ-Orbital leicht bindend oder leicht antibindend wirkt und ob es sich energetisch etwas ober- oder unterhalb des π^b-Orbital-Niveaus befindet, hängt von individuellen Feinheiten der gebundenen Atome ab und ist von keiner praktischen Bedeutung.

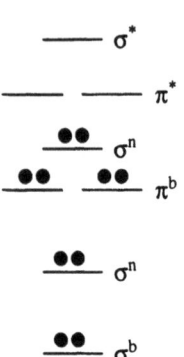

Zwei Hinweise deuten auf den nichtbindenden Charakter des σ-HOMO in zweiatomigen Spezies mit 10 Valenzelektronen, wie CO, CN$^-$ und N$_2$. Erstens zeigt die Photoelektronenspektroskopie, bei der die Energie, die man zum Entfernen eines Elektrons aus einem Molekül benötigt, gemessen wird, daß in diesen Molekülen nur eine geringe Änderung der Bindungsstärke auftritt, wenn das höchste σ-Elektron entfernt wird. Zweitens sind die Bindungslängen nicht nur für CO, N$_2$ und CN$^-$, sondern auch für CO$^+$, N$_2^+$ und CN bekannt, wo das zehnte Elektron fehlt. Das Entfernen dieses Elektrons hat nur geringe Änderungen zur Folge:

10-e$^-$-Spezies		9-e$^-$-Spezies		Abstandsänderung [%]	σ-HOMO-Charakter
CO	113 pm	CO$^+$	112 pm	-1	schwach antibindend
N$_2$	110 pm	N$_2^+$	112 pm	+2	schwach bindend
CN$^-$	115 pm	CN	117 pm	+2	schwach bindend

Die energetisch höchsten Elektronen in CO, N$_2$ und CN$^-$ werden am besten wie in der Lewis-Schreibweise beschrieben, als Elektronen eines freien Elektronenpaares. Allerdings sind laut Molekülorbital-Theorie diese „freien Elektronenpaare" über beide Atome delokalisiert, genauso wie die freien Elektronenpaare des Sauerstoffs in CO$_2$, HNO$_2$ und H$_2$CO$_3$. Es ist interessant, diese Daten denen von Verbindungen gegenüberzustellen, in denen das entfernte Elektron wirklich aus einem antibindenden Orbital stammt:

Anzahl e$^-$ (n)	n-Elektronen-Spezies		(n-1)-Elektronen Spezies		Abstandsänderung [%]	σ-HOMO-Charakter
11	NO	115 pm	NO$^+$	106 pm	-8	stark antibindend
12	O$_2$	121 pm	O$_2^+$	112 pm	-8	stark antibindend
13	O$_2^-$	128 pm	O$_2$	121 pm	-6	stark antibindend
14	O$_2^{2-}$	149 pm	O$_2^-$	128 pm	-13	stark antibindend

In diesen Fällen *verkürzt* das Entfernen eines Elektrons die Bindungslänge um bis zu 13 %, wie man es von einem antibindenden Elektron erwarten würde!

Seite 49

Eine Konformation des Ethans wird als „*ekliptisch*" bezeichnet. In ihr ist die vordere Methylgruppe in der Newman-Projektion um 60° gedreht. In der ekliptischen Konformation stehen die vorderen drei H-Atome somit deckungsgleich mit den hinteren drei H-Atomen. Warum ist die gestaffelte Konformation stabiler als die ekliptische?

Der Energieunterschied zwischen den beiden Formen des Ethans beträgt nur wenige kcal/mol und hängt offensichtlich von Feinheiten ab. Es soll hier genügen festzustellen, daß die einzige adäquate Erklärung für diesen Energieunterschied dadurch geliefert wird, daß man sich Ethan als *delokalisiertes* System vorstellt, in dem alle Elektronen in Orbitale verteilt und über das ganze Molekül verstreut sind. Eine umfassende Diskussion findet sich im Artikel des Nobelpreisträgers Roald Hoffmann in *The Journal of Chemical Physics, Volume 39, Seite 1397 (1963)*.

Seite 53

(a) Wenn Sie das Modell von CH_3NH_2 genau betrachten, werden Sie bemerken, daß die H-C-N-Winkel nicht alle gleich sind. Der Winkel am H^a beträgt 113°, während die an H^b nur 107,9° betragen. Das heißt, die NH_2-Gruppe beugt sich von H^a weg. Wie kommt es dazu?

Mikrowellen-spektroskopische Untersuchungen haben ergeben, daß die NH_2-Gruppe in CH_3NH_2 *asymmetrisch* rotiert, wie rechts gezeigt. Das heißt, sie präzediert (eiert) mit dem Stickstoffatom auf der einen Seite der Achse und den zwei Wasserstoffatomen auf der anderen. Diese Präzession führt zu einem geringfügig größeren Winkel zu einem der Wasserstoffatome der CH_3-Gruppe.

(b) Ist CH_3NH_2 (Seite 17) oder NH_3 (Seite 11) um das Stickstoffatom herum flacher? Was bedeutet dies für das freie Elektronenpaar?

Verglichen mit NH_3 ist CH_3NH_2 um den Stickstoff herum flacher, was auf ein energetisch höheres freies Elektronenpaar hindeutet (stärkerer p-Charakter). Dies ist vor allem darauf zurückzuführen, daß CH_3 eine größere Gruppe mit höherem Raumbedarf darstellt als ein Wasserstoffatom.

(c) Was ist basischer, CH_3NH_2 oder NH_3?

CH_3NH_2 mit einem pK_b-Wert von 3,3 ist etwas basischer als NH_3 ($pK_b = 4{,}75$).

Seite 55

(a) Wieder einmal zeigt eine sorgfältige Betrachtung des Modells, daß die OH-Gruppe von einem der Wasserstoffatome weggeneigt ist. Woran kann das liegen?

Wie bereits für die NH_2-Gruppe in CH_3NH_2 beobachtet, liegt es daran, daß die OH-Gruppe im Methanol bei der Rotation „eiert".

(b) Warum ist der C-O-Abstand in CH_3OH kürzer als der C-N-Abstand in CH_3NH_2 (Seite 53)?

Wiederum besteht der einzige Unterschied zwischen CH_3OH und CH_3NH_2 in der Position eines Protons. Wenn Sie Sauerstoff als „Zentralatom" in CH_3OH betrachten, bzw. Stickstoff in CH_3NH_2, dann sind wie bei H_2O und NH_3 die Abstände in dem Molekül mit Sauerstoff kürzer. Ähnlich sind die C-O-Abstände in CH_3OH (142 pm) länger als die C-F-Abstände in CH_3F (139 pm).

Seite 57

> Welchen Unterschied erwarten Sie zwischen der Struktur von CHF_3 und der von $SiHF_3$?

$SiHF_3$ ist viel größer als CHF_3, aber beide Moleküle sind in allen zentralen Winkeln nahezu identisch. Der F-Si-F-Winkel in SiHF (108,3°) ist unwesentlich kleiner als der F-C-F-Winkel in CHF_3 (108,8°).

Seite 59

> (a) Trichlormethan ist eine schwache Säure ($pK_s \approx 25$) und reagiert mit starken Basen wie NaOH unter Bildung von CCl_3^-. Inwieweit gleichen sich NCl_3 und CCl_3^-?

NCl_3 und CCl_3^- sind isoelektronisch; NCl_3 verfügt über ein zusätzliches Proton.

> (b) Welches ist die wahrscheinliche Struktur (Form, Abstände, Winkel) von CCl_3^-?

Die X-Cl-Abstände in CCl_3^- sollten noch größer sein als die in $CHCl_3$ (177 pm), da die Bindungselektronen in CCl_3^- ohne das H-Proton geringfügig besser abgeschirmt sind. Die Cl-C-Cl-Winkel sollten kleiner sein als die in $CHCl_3$ (112°), ebenso wie in NCl_3, weil das freie Elektronenpaar mehr als seinen „gerechten" Anteil am s-Orbital des Zentralatoms beansprucht wird. Neuere Berechnungen schätzen den C-Cl-Abstand in CCl_3^- auf 187 pm und den Cl-C-Cl-Winkel in CCl_3^- auf 104° [Gutsev, G.L., *J. Chem. Phys.* 95, 5773 (1991)].

Seite 63

> Stellen Sie sich vor, daß eines der Protonen in einem der F-Atome des SiF_4 irgendwie dazu bewegt wurde, sich in das Si-Atom zu begeben. Welches Molekül ergäbe das? Was würden Sie für die Struktur voraussagen? (Siehe Seite 65).

Umsiedelung eines Fluor-Protons in das Si-Atom verwandelt die Si-F-Bindung in eine P-O-Bindung und SiF_4 in POF_3. Die stärkere Kernanziehung sorgt für kürzere Bindungen, besonders zum Sauerstoff (144 pm für P-O und 152 pm für P-F in POF_3 gegenüber 154 pm für Si-F in SiF_4). Die verbleibende P-O-Bindung beansprucht mehr als den ihr zustehenden s-Anteil an der Bindung. Das Fluor bleibt mit einem höheren p-Anteil zurück. Daher ist der F-P-F-Winkel in POF_3 (101°) kleiner als der F-Si-F-Winkel in SiF_4 (109°).

Seite 65

> Es ist interessant, die Strukturen von PF_3 und POF_3 zu vergleichen. Zwischen welchen anderen Molekülen und Ionen in diesem Buch besteht ein ähnlicher Zusammenhang durch Oxidation?

Es gibt viele solcher Beispiele. Grundlegende Tendenz scheint zu sein, daß das Zufügen eines Sauerstoffatoms die Bindungslängen verkürzt und die Winkel aufweitet. Verschiedene andere über Oxidation verbundene Spezies sind in diesem Buch enthalten. Hier ist eine vollständige Liste. Entscheiden Sie selber, ob dies ein „echter" Trend ist oder nicht.

Reduzierte Form		A-X (pm)	X-A-X	Oxidierte Form		A-X (pm)	X-A-X
PF_3	(S.21)	157_{P-F}	97,8	POF_3	(S.65)	152_{P-F}	$101,3_{F-P-F}$
XeO_3	(S.27)	176	$103,_{O-Xe-O}$	XeO_4	(S.77)	174	(109,5)
SF_4	(S.83)	$164_{S-F_{ax}}$	$89,_{F_{eq}-S-F_{ax}}$	SOF_4	(S.91)	$158_{S-F_{ax}}$	$89,6_{F_{eq}-S-F_{ax}}$
		$154_{S-F_{eq}}$	$103,_{F_{eq}-S-F_{eq}}$			$155_{S-F_{eq}}$	$110,_{F_{eq}-S-F_{eq}}$
CO	(S.177)	113	—	CO_2	(S.179)	116	(180,)
NOF	(S.181)	152_{N-F}	$110,_{F-N-O}$	NO_2F	(S.179)	147_{N-F}	$112,_{F-N-O}$
NO_2^-	(S.181)	124	115,4	NO_3^-	(S.187)	124	(120,)
SO_2	(S.181)	143	119,5	SO_3	(S.187)	143	(120,)
XeF_4	(S.189)	195	(90,)	$XeOF_4$	(S.97)	190	$89,9_{F-Xe-F}$

Beachten Sie, daß es in SF_4 zwei unterschiedliche S-F-Abstände gibt. Nur einer folgt diesem Trend. Weitere Ausnahmen bilden CO/CO_2 und Verbindungen, die vor der Oxidation mehr als ein freies Elektronenpaar haben (z. B. SF_2/SOF_2 oder $HPF_2/HPOF_2$, die nicht in der Tabelle aufgeführt sind).

Seite 67

(a) Die Struktur von H_3PO_4, die hier angegeben wird, basiert auf der Röntgenstrukturanalyse eines Kristalls. Wenn Sie genau hinsehen, können Sie erkennen, daß es drei *verschiedene* OH-Gruppen gibt, jede in einem etwas anderen Winkel zur P-O-Bindung. Was könnte diese Variationen verursachen?

Moleküle in Kristallen sind Kräften aus dem Kristallgitter ausgesetzt, das heißt der dreidimensionalen Anordnung der Moleküle innerhalb des Kristalls. Diese Kräfte führen zu permanenten Verzerrungen, die nur übergangsweise an Gasphasen-Molekülen beobachtet werden können.

(b) Vergleichen Sie diese Struktur mit der von H_2SO_4 (Seite 71). Warum ist der S-O-Abstand (151 pm) geringer als der P-O-Abstand?

Der P-O-Abstand (151 pm) und der P-OH-Abstand (156 pm) in H_3PO_4 sind beträchtlich länger als die entsprechenden Abstände in H_2SO_4 (S-O 143 pm, S-OH 154 pm). Das zusätzliche Kernproton in H_2SO_4 verursacht diesen großen Unterschied.

Seite 69

(a) Diese Struktur unterscheidet sich geringfügig von der vorhergehenden, die im selben Kristall gefunden wird. Was können wir aus diesem Vergleich lernen?

Die Unterschiede in Abstand und Winkel zwischen verschiedenen Kristallstrukturen oder sogar zwischen verschiedenen Molekülen und Ionen im selben Kristall verdeutlichen uns die Auswirkungen der Kräfte, die im Kristallgitter wirken. Bindungswinkel sind besonders „weich", und die Winkel in Gasphasenproben können sich *signifikant* von denen in kristallinen Proben unterscheiden.

(b) Warum ist der P-O-Abstand in H_3PO_4 größer als der P-O-Abstand in POF_3 (Seite 65)?

Verglichen mit POF$_3$ ist der P-O-Abstand in H$_3$PO$_4$ beträchtlich größer (151 pm in H$_3$PO$_4$ gegenüber 144 pm in POF$_3$). Teilweise ist dieser große Unterschied darauf zurückzuführen, daß H$_3$PO$_4$ kristallin vorlag, während sich POF$_3$ bei der Untersuchung in der Gasphase befand. Der einsame Sauerstoff des kristallinen H$_3$PO$_4$ wechselwirkt mit zwei Wasserstoffatomen von anderen H$_3$PO$_4$-Molekülen. Aber das ist sicher nicht die alleinige Ursache. Fluor ist stark elektronegativ, was zu einem stärkeren Elektronenmangel am Zentralatom in POF$_3$ gegenüber H$_3$PO$_4$ führt. Dieser Elektronenmangel verleiht dem Zentralatom eine stärkere Anziehungskraft auf alle anderen Bindungselektronen, was zu einem kürzeren P-O-Abstand in POF$_3$ führt. Tatsächlich ist Fluor so elektronegativ, daß der Phosphor in POF$_3$ fast so positiv ist wie der Schwefel in H$_2$SO$_4$, wo der S-O-Abstand 143 pm beträgt.

Seite 71

Warum ist der O-S-O-Winkel zwischen den doppelt gebundenen Sauerstoffatomen in H2SO4 im Vergleich zu allen anderen Winkeln, so groß?

Der große O-S-O-Winkel in H$_2$SO$_4$ (119°) ist sehr ähnlich denen, die in SO$_2$F$_2$, SO$_2$Cl$_2$ und ClO$_3$F beobachtet werden und die alle um 120° liegen. Erinnern Sie sich, Oxidation bedeutet das Entfernen von Elektronen aus dem Zentralatom. Das bedeutet, daß die Sauerstoffatome in allen diesen Verbindungen über eine höhere Elektronendichte verfügen. Die einfache Erklärung lautet, daß diese höhere Elektronendichte zu einer zusätzlichen Elektronenabstoßung zwischen den Sauerstoffatomen und damit zu weiteren Winkeln führt. Zusätzlich machen sich hier die Auswirkungen der π-Bindungen zwischen den freien Elektronenpaaren des Sauerstoffs und dem Zentralatom bemerkbar. Erneut sind wir an die Grenzen unseres theoretischen Modells gestoßen und sollten vorsichtig sein.

Seite 73

In ClO$_3^-$ betragen die Cl-O-Abstände 157 pm und die O-Cl-O-Winkel 106,7°. Hätten Sie dies erwartet?

Die – verglichen mit ClO$_3^-$ – kleineren Abstände und Winkel in ClO$_4^-$ stimmen mit dem überein, was wir für den Fall der Oxidation gelernt haben.

Seite 75

Warum betragen nicht alle Winkel in IO$_4^-$ 109,47°?

Die Winkel in IO$_4^-$ betragen aufgrund von Verzerrungen durch das Kristallgitter nicht alle 109,47°. Zu diesen Verzerrungen gehört auch ein „Stauchen" des Tetraeders entlang einer Achse, die zwei gegenüberliegende O-I-O-Winkel zweiteilt und auf Na$^+$-Ionen in Nachbarschaft der Sauerstoffatome zurückzuführen ist.

Seite 77

In welchem Zusammenhang stehen IO_4^- und XeO_4? Sind 174 pm ein vernünftiger Wert für den Xe-O-Abstand in XeO_4?

XeO_4 verfügt gegenüber XeO_4^- über ein zusätzliches Proton im Kern, sonst sind sie gleich (wenn man die Neutronen nicht mitzählt). Der Xe-O-Abstand in XeO_4 (174 pm) ist daher geringfügig kürzer als der I-O-Abstand in IO_4^- (178 pm).

Zusammenfassung

Anhand dieser Daten zeichnen sich verschiedene Trends für die Strukturen ab. Die meisten sind im Laufe dieser Diskussion bereits aufgetaucht. Wie viele haben Sie gefunden? Einige sind nur zu erkennen, wenn man diese Daten mit denen für die komplexeren Moleküle (Kapitel 2-4) und denen für die ein- und zweidimensionalen Moleküle (Kapitel 6) kombiniert. Diese habe ich gefunden:

Trend 1 Von zwei Verbindungen, die sich nur durch die Periode des Zentralatoms unterscheiden, hat diejenige die längeren A-X-Bindungsabstände und kleineren X-A-X-Winkel, bei der das **Zentralatom** A im Periodensystem weiter unten steht.

Zu den Beispielen zählen: NH_3 vs. PH_3, NF_3 vs. PF_3 und NCl_3 vs. PCl_3.

Trend 2 Von zwei Verbindungen, die sich nur durch die Periode eines **äußeren Atoms** unterscheiden, hat diejenige, deren äußeres Atom X weiter unten im Periodensystem steht, die längeren A-X-Bindungsabstände und die größeren X-A-X-Winkel.

Zu den Beispielen zählen NF_3 vs. NCl_3, PF_3 vs. PCl_3 und NOF vs. NOCl.

Trend 3 Von zwei Verbindungen, die sich nur durch die Anzahl der Protonen im zentralen Kern A unterscheiden, hat die mit der größeren Anzahl an Kernprotonen die kürzeren A-X-Bindungen.

Zu den Beispielen zählen: IO_3^- vs. XeO_3, BH_4^- vs. CH_4, CH_4 vs. NH_4^+, CO vs. NO^+ und CO_2 vs. NO_2^+.

Trend 4 Von zwei Verbindungen, die sich nur in der Anzahl der Protonen in einem äußeren Kern X unterscheiden, hat die mit der größeren Anzahl äußerer Kernprotonen die längeren A-X-Bindungsabstände zu diesem Atom, kürzere A-X'-Abstände zu anderen Atomen und kleinere X-A-X'-Winkel.

Zu den Beispielen zählen N_2O vs. NO_2^+, NO_2^- vs. NOF und NO_3^- vs. NO_2F.

Trend 5 Von zwei Verbindungen, die sich nur in der Position eines Protons unterscheiden, das sich entweder als $_nA$-H am Zentralatom oder als $_{n+1}A$: im zentralen Kern befindet, hat die Verbindung mit dem zusätzlichen Proton im Kern (die dadurch ein zusätzliches freies Elektronenpaar am Zentralatom hat), die kleineren X-A-X-Winkel. Die A-X-Abstände hängen von der Art der gebundenen Atome ab. Wenn es sich dabei um Wasserstoff handelt, werden die Abstände kürzer sein, handelt es sich um F oder OH, werden die Abstände größer sein. Dieser Trend zeichnet sich nur schwach ab, besonders für X = F.

Zu den Beispielen für X = H zählen CH_4 vs. NH_3, NH_3 vs. H_2O, H_2O vs. HF, SiH_4 vs. PH_3 und PH_3 vs. H_2S. Zu den Beispielen für X = F zählen NHF_2 vs. OF_2, PHF_2 vs. SF_2 und CHF_3 vs. NF_3.

Trend 6 Von zwei Verbindungen, die sich nur in der Position eines Protons unterscheiden, das sich entweder als $_n$X-H an einem äußeren Atom oder als $_{n+1}$X: im Kern des äußeren Atoms befindet, hat die Verbindung mit dem zusätzlichen Proton im Kern (die dadurch noch ein zusätzliches freies Elektronenpaar am äußeren Atom hat) kürzere A-X- und A-X'-Bindungen sowie kleinere X-A-X'-Winkel.

Zu den Beispielen zählen PF$_3$·BH$_3$ vs. POF$_3$, H$_3$PO$_4$ vs. POF$_3$, C$_2$H$_2$ vs. HCN, HNCO vs. CO$_2$ und HN$_3$ vs. N$_2$O. Es existieren verschiedene Ausnahmen, die vor allem auf eine weitergehende Beteiligung des freien Elektronenpaares zurückzuführen sind. Beispielsweise ist beim Vergleich von Allen CH$_2$=C=CH$_2$ mit Keten CH$_2$=C=O die C=O-Bindung im Keten kürzer als die C=C-Bindung im Allen. Andererseits ist die C=C-Bindung in Keten *länger* als die C=C-Bindung in Allen.

Trend 7 Von zwei Verbindungen, die sich nur durch die Position eines Protons unterscheiden, als $_nA_{-m}X$ im Kern eines äußeren Atoms oder als $_{n+1}A_{m-1}X$ in einem zentralen Kern, hat die mit dem Proton im zentralen Kern die kürzere A-X-Bindung.

Zu den Beispielen zählen SiF$_4$ vs. POF$_3$, PF$_5$ vs. SOF$_4$, CO vs. N$_2$, CO$_2$ vs. N$_2$O, BF$_3$ vs. CF$_2$O und CF$_2$O vs. NO$_2$F. Eine Ausnahme stellt CO$^+$ vs. N$_2^+$ dar, wo der sehr kurze C-O-Abstand (112 pm) nicht größer ist als der N-N-Abstand in N$_2^+$.

Trend 8 Oxidation des Zentralatoms durch Ersetzen des freien Elektronenpaares in :AX$_n$ durch eine Bindung zu einem Sauerstoffatom, die OAX$_n$ liefert, führt generell zu kürzeren A-X-Bindungen und größeren X-A-X-Winkeln.

Beispiele hierfür sind PF$_3$ vs. POF$_3$, XeO$_3$ vs XeO$_4$ und NOF vs. NO$_2$F. Es gibt zahlreiche Ausnahmen von diesem Trend. Weitere Beispiele finden sich in der Tabelle auf Seite 210.

Trend 9 Die Oxidation des Zentralatoms in :AX$_n$ zu F$_2$AX$_n$, bei der das freie Elektronenpaar durch die Bindungen zu zwei Fluoratomen ersetzt wird, führt zu kürzeren A-X-Abständen.

Zu den Beispielen zählen PF$_3$ vs. PF$_5$, SF$_2$ vs. SF$_4$, SF$_4$ vs. SF$_6$ und BrF$_3$ vs. BrF$_5$. In Fällen, in denen anfänglich mehr als eine Art von X-F-Bindung vorhanden ist, wird manchmal eine kürzer, während eine andere länger wird. Verschiedene Beispiele sind unten dargestellt. In jedem Fall scheint sich die Bindung, die länger wird, dem reaktiven freien Elektronenpaar *gegenüber* zu befinden.

Zehn wiederholt vorkommende Punkte scheinen ausreichend, um diese Trends zu systematisieren. Sie sind im nachfolgenden zusammengefaßt:

(1) Bindung ist in erster Linie ein *elektronisches* Phänomen.

(2) Elektronen werden durch die Verbindung mit Protonen stabilisiert. In Molekülen wie CH$_4$ tragen Protonen im *zentralen Kern* effektiver zur Stabilisierung bei als Protonen in den äußeren Wasserstoffatomen.

(3) Einige Elektronen, die sogenannten *inneren* Elektronen, werden durch einen einzigen Kern so sehr stabilisiert, daß sie sich nicht signifikant an Bindungen

beteiligen, während andere, die *Valenzelektronen*, davon profitieren, an mehr als ein Atom gebunden zu sein. Unter diesen Valenzelektronen befinden sich *bindende* und *nichtbindende* Elektronen.

(4) Nichtbindende Valenzelektronen, die primär in einem Atom lokalisiert sind (freie Elektronenpaare), sind sehr wichtig für die Geometrie und Reaktivität von Molekülen.

(5) Die Valenzelektronen in den meisten Molekülen und Ionen kann man sich paarweise in *Molekülorbitalen* angeordnet vorstellen, wobei diese Molekülorbitale als „vorhanden" betrachtet werden, unabhängig davon, ob sie Elektronen enthalten oder nicht. Dies führt zur Theorie der „*unbesetzten Molekülorbitale*", die für das Verständnis von Molekülstruktur und Reaktivität ebenfalls hilfreich ist.

(6) Wir stellen uns Molekülorbitale normalerweise aus *Atomorbitalen* zusammengesetzt vor, die selber Analoga der nur vom Wasserstoffatom genau bekannten Orbitale sind. Diese Konstruktion stellt nur eine ungefähre Annäherung dar und basiert ausschließlich auf der Notwendigkeit eines überschaubaren Konzeptes und aktuellen Computer-Simulationen.

(7) Molekül-Geometrien, besonders die *Winkel*, geben Hinweise auf den s- und p-Charakter der zur Bindung benutzten Orbitale. Größere Bindungswinkel gehen mit einem stärkeren s-Charakter einher.

(8) Atom- und Molekülorbitale werden nicht nur durch ihre Form, sondern auch durch ihre Energie charakterisiert. Einige Atomorbitale (s-Orbitale) sind energieärmer als andere (p-Orbitale), und diese Energieunterschiede spiegeln sich auch in den Molekülorbitalen wider, die aus ihnen gebildet werden. Daher sind Molekülorbitale mit stärkerem s-Charakter die energieärmeren Molekülorbitale.

(9) Die aussagekräftigsten Vergleiche können zwischen Systemen mit gleicher Elektronen- und Protonenzahl oder zumindest der gleichen Anzahl an Valenzelektronen angestellt werden.

(10) Alles, was wir über Moleküle wissen oder glauben, sind Annäherungen, die auf lückenhaften Modellen und unvollkommenem Verständnis beruhen.

Diese Lektion soll vor allem vor dem Versuch warnen, alle Nuancen der Molekülstruktur mit so simplen Theorien wie der Protonen-Umsiedelung, der „VSEPR"-Theorie oder sogar einfacher Molekülorbital-Theorie erklären zu wollen. Es ist gut möglich, daß das „Warum" für die überwiegende Mehrzahl von Molekülstrukturen nie geklärt werden wird. Beim „echten" Studium der molekularen Struktur haben die Chemiker einen anderen Weg eingeschlagen. Statt zu versuchen, die verschiedenen Einflüsse auszumachen, die zu dem führen, was wir beobachten, sagen wir einfach, daß die treibende Kraft hinter *allen* Molekülstrukturen das natürliche Streben nach dem Zustand der niedrigsten möglichen Energie ist.

Vielleicht blicken wir eines Tages auf s-, p- und d-Orbitale zurück und sagen „Wie naiv", aber zur Zeit tragen sie viel zu unserem Verständnis bei. Die Lösung liegt darin, alle unsere Erklärungen nüchtern zu betrachten und zu erkennen, daß wir die Moleküle mit den Worten „Bindung" oder „Orbital" in ein Korsett zwängen, das von uns und nicht von der Natur gemacht wurde.

Literatur und Methoden

Die Literaturstellen für alle in Kapitel 1-6 benutzten Daten werden wie folgt aufgeführt:

      Zeitschrift/Buch.Jahr.Band.Seite.Methode

Die Namen der Zeitschriften werden folgendermaßen abgekürzt:

AC	Acta Crystallographica
ACS	Acta Chemica Scandinavica
AJ	Astrophysics Journal
AM	American Mineralogist
CJP	Canadian Journal of Physics
CJR	Canadian Journal of Research
DFS	Discussions of the Faraday Society
IC	Inorganic Chemistry
JACS	Journal of the American Chemical Society
JCP	Journal of Chemical Physics
JCS	Journal of the Chemical Society
JCSJ	Journal of the Chemical Society of Japan
JFlC	Journal of Fluorine Chemistry
JMS	Journal of Molecular Spectroscopy
JMSt	Journal of Molecular Structure
JOMC	Journal of Organometallic Chemistry
JOSA	Journal of the Optical Society of America
JPC	Journal of Physical Chemistry
JSSC	Journal of Solid State Chemistry
PR	Physical Review
PIAS	Proceedings of the Indian Academy of Science
RTC	Recueil des Travaux chimiques des Pays-Bas et de la Belgique
SA	Spectrochimica Acta
Sc	Science
SAWW	Sitzungsber.Akad.Wiss.Wien
TFS	Transactions of the Faraday Society
TKB	Tidsskrift for Kjemi, Bergvesen of Metallurgi
ZaC	Zeitschrift für Anorganische und Allgemeine Chemie
ZK	Zeitschrift für Kristallographie
ZPC	Zeitschrift für Physikalische Chemie

Verschiedene Bücher, die selber Datensammlungen enthalten, waren hilfreich dabei, die Literaturstellen in den Zeitschriften zu finden. Sie sind unten aufgeführt. Wenn die Literaturangabe für ein bestimmtes Molekül oder Ion aus einem dieser Bücher stammt, wird der Name des erstgenannten Autors anstelle eines Zeitschriftennamens angegeben.

Bowen, H. J. M.; Donohue, J.; Jenkin, D. G.; Kennard O.; Wheatley, P. J.; Whiffen, D. H. *Table of Interatomic Distances and Configuration in Molecules and Ions*; Chemical Society: London, 1958.

Hehre, W.; Radom, L.; Schleyer, P.; Pople, J. *Ab Initio Molecular Orbital Theory*; John Wiley & Sons: New York, 1986.

Herzberg, G. *Molecular Spectra and Molecular Structure: I. Infrared Spectra of Diatomic Molecules*, Second Edition; Van Nostrand: New York, 1950.

Herzberg, G. *Molecular Spectra and Molcular Structure: II. Infrared and Raman Spectra of Polyatomic Molecules*; Van Nostrand: New York, 1945.

Herzberg, B. *Molecular Spectra and Molecular Structure: III. Electronic Spectra and Electronic Structure of Polyatomic Molecules*; Van Nostrand: New York, 1966.

Hückel, W. *Structural Chemistry of Inorganic Compounds, Volume II*; Elsevier: Amsterdam, 1951.

Peckett, A. *The Colours of Opaque Minerals*; Van Nostrand Reinhold: New York, 1992.

Trotman-Dickenson, A. F. *Comprehensive Inorganic Chemistry, Volumes 1-5*; Pergamon Press: Oxford, 1973.

Wells, A. F. *Structural Inorganic Chemistry*; Fifth Edition; Oxford University Press: London, 1984.

Wyckoff, R. *Crystal Structures, Volume I*, Second Edition; Interscience: New York, 1965.

Im folgenden werden die zur Strukturbestimmung der jeweiligen Moleküle und Ionen benutzten Methoden kurz beschrieben. Sie werden durch einen Großbuchstaben jeweils am Ende der entsprechenden Literaturstelle angegeben.

E **Elektronenbeugung** Hochenergie-Elektronen mit Wellenlängen um 6 pm werden an den Kernen von Molekülen in der Gasphase (und, in letzter Zeit, an speziell hergestellten dünnen Schichten) gebeugt. Die Intensitätsdaten werden in eine radiale Verteilungskurve umgewandelt. Unter Beachtung von Korrekturfaktoren für die unterschiedlichen Atomarten, können daraus Schlüsse auf die Atomabstände in den Molekülen gezogen werden.

I **Infrarot(IR)-Spektroskopie** Diese Methode wird hauptsächlich bei kleinen Molekülen angewandt. Durch die im Infrarot-Bereich absorbierte Energie werden vor allem Molekül-Schwingungen angeregt. Aus der Feinstruktur kann man auch Informationen über die Rotationszustände des Moleküls gewinnen und auf Bindungslängen und -„Kräfte" schließen.

M **Mikrowellen-Spektroskopie** Mikrowellen sind energieärmer als IR-Strahlung und regen molekulare Rotationszustände an. An Molekülen, die isotopen-angereichert sind (und sich deshalb etwas in der Masse unterscheiden), kann man sehr genaue Messungen durchführen. An die Ergebnisse dieser Messungen können Parameter-Sätze, die die Atomabstände und -winkel enthalten, angepaßt werden.

N **Neutronenbeugung** Hochenergie-Neutronen mit Wellenlängen von ungefähr 140 pm werden an den Kernen von Feststoffen und Flüssigkeiten gebeugt. Die Analyse der resultierenden Beugungs-Intensitäten liefert Struktur-Informationen, speziell die Positionen von Atomen niedriger Masse, wie Wasserstoff, die durch Röntgenbeugung oft schwer zu lokalisieren sind.

Q **Kernresonanz-Spektroskopie (NMR)** Die Strukturen von zwei Ionen, NH_4^+ und BH_4^- wurden durch eine ^{1}H-NMR-spektroskopische Untersuchung von Einkristallen bei -195°C (der Temperatur von flüssigem Stickstoff) bestimmt. Bei dieser Temperatur sind Schwingungen eingefroren und die Linienform der Resonanz kann zur Feststellung des Abstandes zwischen den Wasserstoffatomen in der Probe genutzt werden.

R **Raman-Spektroskopie** Bei dieser Methode wird monochromatisches, sichtbares Laserlicht durch eine gasförmige Probe geschickt. Der Strahl wird dabei nicht absorbiert, sondern ein Teil des Lichtes wird an der Probe gestreut. Im Streulicht gibt es einen Anteil, dessen Frequenz gegenüber der ursprünglichen verschoben ist. Aus der Größe dieser Verschiebung und der Intensität dieses Anteils kann man Rückschlüsse auf Schwingungen und Rotationen des untersuchten Moleküls oder Ions ziehen.

UV **Ultraviolett-Spektroskopie** Bei einfachen zweiatomigen oder linearen Molekülen und Ionen zeigen die UV-Absorptionen oder -Emissionen Feinstrukturen, die bezüglich der Schwingungs- und Rotationszustände interpretiert werden können. Mit anderen Worten: Diese Methode stellt einen weiteren Weg dar, die gleichen Informationen wie bei der Mikrowellen- und IR-Spektroskopie zu erhalten.

X **Röntgenbeugung** Diese Methode wird vor allem zur Strukturuntersuchung von kristallinen Feststoffen benutzt. Röntgenstrahlen ($\lambda \approx 100$ pm) werden primär an den Elektronen (speziell den inneren Elektronen) im Feststoff gebeugt. Die Intensität des gebeugten Strahls unter unterschiedlichen Winkeln wird aufgezeichnet und durch iterative Analyse mit der Struktur in Zusammenhang gebracht.

Seite	Formel	Quelle	Seite	Formel	Quelle
11	NH_3	ACS.1955.9.815.E	33	CF_4	JCP.1953.21.565.E
13	NF_3	JACS.1950.72.1182.E	35	NH_4^+	JCP.1954.22.643.Q
15	NCl_3	ZaC.1975.413.61.X	37	BH_4^-	DFS.1955.19.230.Q
17	NH_2CH_3	JCP.1955.23.1735.M	39	BF_4^-	AC.1971.B27.1102.X
17	NHF_2	JCP.1963.38.456.M	41	$BF_3 \cdot NH_3$	AC.1951.4.369.X
19	PH_3	JCP.1959.31.449.M	43	$BH_3 \cdot PF_3$	JCP.1967.46.357.M
21	PF_3	IC.1969.8.867.E	47	BH_3CO	PR.1950.78.512.M
23	PCl_3	JCP.1950.18.1109.M	49	CH_3CH_3	ACS.1955.9.815.E
25	PHF_2	JACS.1968.90.1705.M	53	CH_3NH_2	JCP.1955.23.1735.M
27	IO_3^-	JCP.1971.54.2556.X	55	CH_3OH	JCP.1955.23.1739.M
27	XeO_3	JACS.1963.85.817.X	57	CHF_3	JCP.1952.20.605.M
31	CH_4	CJP.1955.33.138.R	59	$CHCl_3$	JCSJ.1946.67.93.E

Literatur und Methoden

Seite	Formel	Quelle	Seite	Formel	Quelle
61	SiH_4	JCP.1955.23.922.I	177	CO	JCP.1949.17.1099.I
63	SiF_4	JACS.1934.56.2373.E	177	CO^+	Herzberg.1950.UV
65	POF_3	IC.1971.10.344.E	177	NO	JCP.1955.23.57.I
67	H_3PO_4	AC.1974.B30.1470.X	177	NO^+	CJP.1955.33.355.UV
71	H_2SO_4	AC.1965.18.827.X	179	HCCH	AC.1950.3.46.E
73	ClO_4^-	PIAS.1957.A56.134.X	179	HCN	JCP.1953.21.448.I
75	IO_4^-	AC.1970.B26.1782.X	179	CH_2CCH_2	CJP.1955.33.811.R
77	XeO_4	JCP.1970.52.812.E	179	CH_2CO	JCP.1953.21.1898.I+M
83	SF_4	JCP.1963.39.3172.M	179	HNCO	JCP.1950.18.990.I+M
85	SeF_4	JMS.1968.28.454.M	179	CO_2	JOSA.1953.43.1037.I
89	PF_5	IC.1965.4.1775.E	179	NO_2^+	AC.1950.3.290.X
91	SOF_4	JCP.1969.51.2500.M	179	CH_2N_2	SAWW.1935.144.1.E
95	BrF_5	JCS(CC).1971.-.1567.M	179	HN_3	JCP.1950.18.1422.M
97	$XeOF_4$	JMS.1968.26.410.X	179	N_2O	JCP.1954.22.275.I+M
101	SF_6	ZPC.1933.B,21.297.E	179	HNCS	JCP.1953.21.1416.M
103	PF_6^-	AC.1956.9.825.X	179	COS	JCP.1935.3.821.E
111	UF_7^{-3}	AC.1954.7.783.X	179	CS_2	ACS.1947.1.149.E
115	NbF_7^{-2}	AC.1966.20.220.X	179	XeF_2	JACS.1963.85.241.N
119	$UO_2(NO_3)_3^-$	AC.1965.19.205.X	181	HNCO	JCP.1950.18.990.I+M
123	ZrF_8^{-4}	JCP.1964.41.3478.X	181	HN_3	JCP.1950.18.1422.M
127	ZrF_8^{-4}	JACS.1954.76.3820.X	181	HONO	JCP.1951.19.1599.I
131	XeF_8	Sc.1971.173.1238.X	181	FNO	JCP.1951.19.1071.M
135	$Ce(NO_3)_6^{-3}$	JCP.1963.39.2881.X	181	ClNO	PR.1951.83.431.M
143	B_2H_6	JACS.1951.73.1482.E	181	BrNO	JACS.1937.59.2629.E
145	$FE_2(CO)_9$	JCS.1939.-.286.X	181	NO_2^-	AC.1955.8.852.X
149	P_4	JCP.1935.3.699.E	181	NO_2	JOSA.1953.43.1045.I
151	$B_{12}H_{12}^{-2}$	JACS.1960.82.4427.X	181	O_3	JCP.1953.21.851.M
155	C_{60}	Sc.1991.254.410.E	181	SO_2	JCP.1954.22.904.M
161	$(SiO_2)_x$	JACS.1925.47.2876.X	183	H_2O	PR.1954.95.374.M
177	H_2	CJR.1950.A,28.144.I	183	OF_2	JPC.1953.57.699.E
177	H_2^+	Herzberg.1950.UV	183	CH_3OCH_3	JACS.1935.57.473.E
177	He_2^+	Herzberg.1950.UV			& JACS.1935.57.2684.E
177	LiH	Herzberg.1950.UV	183	OCl_2	JCS(A).1966.-.336.M
177	NaH	Herzberg.1950.UV	183	H_2S	PR.1954.94.1203.M
177	KH	Herzberg.1950.UV	183	F_2S	Sc.1969.164.950.M
177	HF	Herzberg.1950.I	183	CH_3OCH_3	JCP.1961.35.479.M
177	HCl	Herzberg.1950.I	183	SCl_2	JACS.1938.60.2872.E
177	HBr	SA.1952.5.313.I	185	BF_3	JACS.1937.59.2085.E
177	Li_2	Herzberg.1950.UV	185	CH_2CH_2	JCP.1942.10.88.I
177	Na_2	Herzberg.1950.UV	185	CH_2CCH_2	CJP.1955.33.811.R
177	K_2	Herzberg.1950.UV	185	CH_2CO	JCP.1953.21.1898.I+M
177	N_2	CJP.1954.32.630.R	185	CH_2O	JCP.1954.22.289.I+UV
177	N_2^+	Herzberg.1950.UV	185	CHFO	JCP.1961.34.1847.M
177	O_2^{-2}	AC.1954.7.838.X	185	CF_2O	JCP.1962.37.2995.M
177	O_2^-	AC.1955.8.503.X	187	HCO_2H	JCP.1955.23.210.M
177	O_2	JCP.1955.23.1739.E	187	CCl_2O	JCP.1953.21.1741.M
177	O_2^+	Herzberg.1950.UV	187	CO_3^{-2}	JACS.1937.59.1380.X
177	F_2	CJP.1951.29.151.R	187	NO_3^-	AC.1950.3.290.X
177	Cl_2	Herzberg.1950.UV	187	NO_2F	JCS(A).1968.-.1736.M
177	Br_2	JCP.1955.23.1739.E	187	SO_3	JACS.1938.60.2360.E
177	CN^-	RTC.1942.61.561.X	189	ClF_3	JCP.1953.21.609.M
177	CN	AJ.1954.199.303.UV	189	BrF_3	JCP.1957.27.223.M
177	CN^+	Herzberg.1950.UV	189	XeF_4	Sc.1963.139.1208.X

Liste der Modelle

Trigonale Pyramide, AX_3E 9
Ammoniak, NH_3 11
Stickstofftrifluorid, NF_3 13
Stickstofftrichlorid, NCl_3 15
Methylamin (N), NH_2CH_3 17
Difluoramin, NHF_2 17
Phosphin, PH_3 19
Phosphortrifluorid, PF_3 21
Phosphortrichlorid, PCl_3 23
Difluorphosphan, PHF_2 25
Iodat-Ion (in NH_4IO_3), IO_3^- 27
Xenontrioxid, XeO_3 27

Tetraeder, AX_4 29
Methan, CH_4 31
Tetrafluormethan, CF_4 33
Ammonium-Ion (in NH_4Br), NH_4^+ 35
Tetrahydroborat-Ion (in $NaBH_4$), BH_4^- 37
Fluoroborat-Ion (in $NaBH_4$), BF_4^- 39
Bortrifluorid-Ammoniak-Addukt, $BF_3 \cdot NH_3$ 41
Boran-Phosphortrifluorid-Addukt (B), $BH_3 \cdot PF_3$ 43
Boran-Kohlenmonoxid-Addukt, $BH_3 \cdot CO$ 47
Ethan, CH_3CH_3 49
Methylamin (C), CH_3NH_2 53
Methanol, CH_3OH 55
Trifluormethan, CHF_3 57
Trichlormethan (Chloroform), CHF_3 59
Silan, SiH_4 61
Siliciumtetrafluorid, SiF_4 63
Phosphorylfluorid, POF_3 65
Phosphorsäure (a), H_3PO_4 67
Schwefelsäure, H_2SO_4 71
Perchlorat-Ion (in NH_4ClO_4), ClO_4^- 73
Periodat-Ion (in $NaIO_4$), IO_4^- 75
Xenontetroxid, XeO_4 77

Verzerrtes Tetraeder, AX_4E 81
Schwefeltetrafluorid, SF_4 83
Selentetrafluorid, SeF_4 85

Trigonale Bipyramide, AX_5 87
Phosphorpentafluorid, PF_5 89

Schwefeloxidtetrafluorid, SOF_4 91

Quadratische Pyramide, AX_5E 93
Brompentafluorid, BrF_5 95
Xenontetrafluoridoxid, $XeOF_4$ 97

Oktaeder, AX_6 99
Schwefelhexafluorid, SF_6 101
Phosphorhexafluorid-Ion (in $NaPF_6 \cdot H_2O$), PF_6^- 103

Über das Oktaeder hinaus
Heptafluorouranat(IV)-Ion (in K_3UF_7), UF_7^{3-} 111
Heptafluoroniobat(V)-Ion (in K_2NbF_7), NbF_7^{2-} 115
Uranylnitrat-Ion (in $RbUO_2(NO_3)_3$), $UO_2(NO_3)_3^-$ 119
Oktafluorozirconat(IV)-Ion (in $Li_6BeF_4ZrF_8$), ZrF_8^{4-} 123
Oktafluorozirconat(IV)-Ion (in $[Cu(H_2O)_6]_2ZrF_8$), ZrF_8^{4-} 127
Oktafluoroxenat(VI)-Ion (in $(NO)_2XeF_8$), XeF_8^{2-} 131
Hexanitrocerat(III)-Ion
    (vorderer- und hinterer Teil), $Ce(NO_3)_6^{3-}$ 137

Weitere komplizierte Moleküle und Ionen
Diboran, B_2H_6 143
Dieisennonacarbonyl, $Fe_2(CO)_9$ 145
Phosphor(weiß), P_4 149
Dodekaboran-Ion, $B_{12}H_{12}^{2-}$ 151
Buckminsterfulleren, C_{60} 155

Vernetzte Feststoffe
Normaler (α) Quarz (Einheit A), $(SiO_2)_x$ 163

Zweiatomige Spezies
Diwasserstoff, H_2 177
Diwasserstoff-Kation, H_2^+ 177
Dihelium-Kation, He_2^+ 177
Lithiumhydrid, LiH 177
Natriumhydrid, NaH 177
Kaliumhydrid, KH 177
Fluorwasserstoff, HF 177
Chlorwasserstoff, HCl 177
Bromwasserstoff, HBr 177
Dilithium, Li_2 177
Dinatrium, Na_2 177
Dikalium, K_2 177
Distickstoff, N_2 177
Distickstoff-Kation, N_2^+ 177
Cyanid, CN^- 177
Cyan-Radikal, CN 177
Cyan-Kation, CN^+ 177
Peroxid-Ion (in BaO_2), O_2^{2-} 177
Superoxid-Ion (in KO_2), O_2^- 177
Disauerstoff, O_2 177
Disauerstoff-Kation, O_2^+ 177

Kohlenmonoxid, CO 177
Kohlenmonoxid-Kation, CO$^+$ 177
Difluor, F$_2$ 177
Dichlor, Cl$_2$ 177
Dibrom, Br$_2$ 177
Stickstoffmonoxid, NO 177
Stickstoffmonoxid-Kation, NO$^+$ 177
Acetylen, C$_2$H$_2$ 179
Blausäure (Cyanwasserstoff), HCN 179
Allen (Propadien), CH$_2$CCH$_2$ 179
Keten, CH$_2$CO 179
Isocyansäure, HNCO 179
Kohlendioxid, CO$_2$ 179
Stickstoffdioxid-Kation, NO$_2^+$ 179
Diazomethan, CH$_2$N$_2$ 179
Stickstoffwasserstoffsäure, HN$_3$ 179
Dististoffoxid, N$_2$O 179
Isothiocyansäure, HNCS 179
Kohlenoxidsulfid, COS 179
Schwefelkohlenstoff, CS$_2$ 179
Xenondifluorid, XeF$_2$ 179

Gewinkelte Spezies, AX$_2$E
Isocyansäure (N), HNCO 181
Salpetrige Säure, HNO$_2$ 181
Nitrosylchlorid, NOCl 181
Nitrit-Ion, NO$_2^-$ 181
Ozon, O$_3$ 181
Stickstoffwasserstoffsäure (N), HN$_3$ 181
Nitrosylfluorid, NOF 181
Nitrosylbromid, NOBr 181
Stickstoffdioxid, NO$_2$ 181
Schwefeldioxid, SO$_2$ 181
Wasser, H$_2$O 183
Dimethylether, CH$_3$OCH$_3$ 183
Schwefelwasserstoff, H$_2$S 183
Dimethylsulfid, (CH$_3$)$_2$S 183
Sauerstoffdifluorid, OF$_2$ 183
Sauerstoffdichlorid, OCl$_2$ 183
Schwefeldifluorid, SF$_2$ 183
Schwefeldichlorid, SCl$_2$ 183

Trigonal-planare Spezies, AX$_3$
Bortrifluorid, BF$_3$ 185
Ethylen (Ethen), CH$_2$CH$_2$ 185
Formaldehyd, CH$_2$O 185
Allen (Propadien) (äußeres C), CH$_2$CCH$_2$ 185
Formylfluorid, CHFO 185
Keten (äußeres C), CH$_2$CO 185
Kohlenoxidfluorid, CF$_2$O 185

Ameisensäure, HCO$_2$O 187
Carbonat-Ion (in CaCO$_3$), CO$_3^{2-}$ 187
Nitrylfluorid, NO$_2$F 187
Phosgen, CCl$_2$O 187
Nitrat-Ion (in NO$_2^+$NO$_3^-$), NO$_3^-$ 187
Schwefeltrioxid, SO$_3$ 187

T-förmig-planare Spezies, AX$_3$E$_2$
Chlortrifluorid, ClF$_3$ 189
Bromtrifluorid, BrF$_3$ 189

quadratisch-planare Spezies, AX$_4$E$_2$
Xenontetrafluorid, XeF$_4$ 189

Sachwortverzeichnis

Acetylen, C_2H_2 179
Acidität
    H_3O^+ vs. NH_4^+ 35, 204
Allen, CH_2CCH_2 179, 185
Ameisensäure, HCO_2H 187
Ammoniak, NH_3 11
    Addukt mit BF_3, $NH_3 \cdot BF_3$ 41
    Basizität vgl. mit PH_3 19, 198
    Form 11, 191
    Reaktion mit Wasser, H_2O 11, 183, 193
    Vgl. mit Ammonium, NH_4^+ 11, 35, 193
    Vgl. mit $BF_3 \cdot NH_3$ 11, 41, 194, 206
    Vgl. mit Methan, CH_4 11, 192
    Vgl. mit Methylamin, CH_3NH_2 17, 53, 197, 208
    Vgl. mit Phosphin, PH_3 19, 197
    Vgl. mit Stickstofftrichlorid, NCl_3 15, 196
    Vgl. mit Stickstofftrifluorid, NF_3 13, 194
Ammonium, NH_4^+ 35
    Vgl. mit Ammoniak, NH_3 11, 193
    Vgl. mit BH_4^- und CH_4 31, 202
    aus $NH_3 + H_2O$ 11, 193

Base, Lewis- und NH_3 41, 205
Basizität
    CH_3NH_2 vs. NH_3 53, 209
    PH_3 vs. NH_3 19, 198
Bindung
    und Energie 5
    und Struktur 3
Bipyramide
    hexagonale, AX_8 107, 119–121
    pentagonale, AX_7 107, 111–113
    trigonale, AX_5 79, 87–91
Blausäure, HCN 179
Boran, BH_3 *siehe* auch Diboran, B_2H_6
    Addukt mit CO, $BH_3 \cdot CO$ 47
        Vgl. mit Kohlenmonoxid, CO 47, 207
    Addukt mit PF_3, $BH_3 \cdot PF_3$ 43–47
        Vgl. mit Phosphorylfluorid, POF_3 45, 206
        Vgl. mit $BH_3 \cdot CO$ 47, 207
Bortrifluorid, BF_3 185
    Vgl. mit $BF_3 \cdot NH_3$ 41, 206
    Vgl. mit Fluoroborat, BF_4^- 39, 205
    Vgl. mit Stickstofftrifluorid, NF_3 13, 194
    Addukt mit NH_3, $BF_3 \cdot NH_3$ 41
        Vgl. mit BF_3 41, 206
        Vgl. mit NH_3 11, 41, 194, 206
Brom, Br_2 177
Brompentafluorid, BrF_5 95
Bromtrifluorid, BrF_3 189
Buckminsterfulleren, C_{60} 155–157

Carbonat, CO_3^{2-} 187
Chlor, Cl_2 177
Chlorat, ClO_3^-
    Vgl. mit Perchlorat, ClO_4^- 73, 212
Chloroform *siehe* Trichlormethan
Chlortrifluorid, ClF_3 189
Cyanid, CN^-, CN und CN^+ 177
Cyanwasserstoff *siehe* Blausäure

Delokalisierung 208
    der Elektronen in BF_3 195
Diazomethan, CH_2N_2 179
Diboran, B_2H_6 143
    Reaktion mit PF_3 43, 206
Dibrom, Br_2 177
Dichlor, Cl_2 177
Dieisennonacarbonyl, $Fe_2(CO)_9$ 145–147
Difluor, F_2 177
Difluoramin, NHF_2 17
    Vgl. mit Difluormethan, CH_2F_2 17, 197
    Vgl. mit Difluorphosphan, PHF_2 25, 202
    Vgl. mit Sauerstoffdifluorid, OF_2 17, 197
Difluormethan, CH_2F_2

Vgl. mit Difluoramin, NHF_2 17, 197
Difluorphosphan, PHF_2 25
    Vgl. mit Difluoramin, NHF_2 25, 202
    Vgl. mit Difluorphosphanoxid, $HPOF_2$ 25, 201
    Vgl. mit Schwefeldifluorid, SF_2 25, 201
Difluorphosphanoxid, $HPOF_2$
    Vgl. mit Difluorphosphan, PHF_2 25, 201
Dihelium, He_2^+ 177
Dikalium, K_2 177
Dilithium, Li_2 177
Dimethylether, CH_3OCH_3 183
Dimethylsulfid, $S(CH_3)_2$ 183
Dinatrium, Na_2 177
Disauerstoff, O_2 177
Distickstoff, N_2 177
Distickstoffoxid, N_2O 179
Diwasserstoff, H_2 177
Dodekaboran, $B_{12}H_{12}^{2-}$ 151–153
Dodekaeder
    großes 151–153
    trianguläres 107, 123–125

Elektronegativität 194, 211
Elektronen
    -beugung 218
    bindende und nicht-bindende 5
    Lokalisierung 4, 5
    und Abschirmung 5
    Valenz- 5
Elektronenpaar, freies
    am Zentralatom 194
    in Wasser und Ammoniak 193
    und Elektronegativität 194
Energie
    und Bindung 5
    und Struktur 215
Ethan, CH_3CH_3 49–51
    , Konformation 49, 208
    Vgl. mit Methylamin, CH_3NH_2 17, 197
Ethylen, CH_2CH_2 185

Feststoff, vernetzter 159–173
Fluor, F_2 177
Fluoroborat, BF_4^- 39
    Vgl. mit BeF_4^{2-} und CF_4 33, 204
    Vgl. mit Bortrifluorid, BF_3 39, 205
    Vgl. mit Tetrafluoroberylat, BeF_4^{2-} 33, 39, 204, 205
    Vgl. mit Tetrahydroborat, BH_4^- 39, 205
Fluoroform *siehe* Trifluormethan
Fluorwasserstoff, HF 177
Form
    überkappt trigonal-prismatisch, AX_7 107, 115–117
    abgestumpft ikosaedrisch 109
    ein- und zweidimensional 175–189
    gewinkelt, AX_2E und AX_2E_2 181–183
    grundlegende 7–77
    hexagonal bipyramidal, AX_8 107, 119–121
    ikosaedrisch, AX_{12} 107, 135–139
    linear, AX_2 oder AX_2E_3 179
    oktaedrisch, AX_6 79, 99–105
    pentagonal-bipyramidal, AX_7 107, 111–113
    quadratisch-antiprismatisch, AX_8 107, 127–131
    quadratisch-planar, AX_4E_2 189
    quadratisch-pyramidal, AX_4E 79, 93–97
    t-förmig-planar, AX_3E_2 189
    tetraedrisch, AX_4 7, 29–77
    triangulär-dodekaedrisch, AX_8 107, 123–125
    trigonal-bipyramidal, AX_5 79, 87–91
    trigonal-planar, AX_3 185–187
    trigonal-pyramidal, AX_3E 7, 9–27
    verzerrt-tetraedrisch, AX_4E 79, 81–85
    zweiatomig, AA oder AB 177
Formaldehyd, CH_2O 185
Formylfluorid, CHFO 185

Geometrie 79
gewinkelte Spezies, AX_2E 181
gewinkelte Spezies, AX_2E_2 183

Heptafluoroniobat(V), NbF_7^{2-} 115–117
Heptafluorouranat(IV), UF_7^{3-} 111–113
Hexanitrocerat(III), $Ce(NO_3)_6^{3-}$ 135–139

Hybridisierung 6, 203
, sp³- 192
sp³- 191
Hydrid, H⁻ 37, 204

Ikosaeder
, abgestumpftes 109
AX_{12} 107, 135, 139
Infrarot-Spektroskopie 218
Iodat, IO_3^- 27
Vgl. mit Xenontrioxid, XeO_3 27, 202
Isocyansäure, HNCO 179
isoelektronische Spezies
BeF_4^{2-}, BF_4^- und CF_4 204
BH_4^-, CH_4 und NH_4^+ 202
IO_3^- vs. XeO_3 202
Isothiocyansäure, HNCS 179

Kaliumhydrid, KH 177
Kernladung, effektive 194
NF_3 vs. NH_3 194
Kernresonanz-Spektroskopie 219
Keten, CH_2CO 179, 185
Kohlendioxid, CO_2 179
Kohlenmonoxid, CO 177
Addukt mit BH_3, $BH_3 \cdot CO$ 47
Vgl. mit $BH_3 \cdot CO$ 47, 207
und CO^+ 177
Kohlenoxidsulfid, COS 179
Kohlenstoffoxofluorid, CF_2O 185
Konformation von CH_3CH_3 49, 208
Kristallgitter
Auswirkung auf die Struktur 67, 69, 210, 211

Literatur 217–220
Lithiumhydrid, LiH 177
Lokalisierung
und Hybridisierung 203
von Elektronen 4, 5

Methan, CH_4 31
Bindung in 31, 202
Vgl. mit Ammoniak, NH_3 11, 192
Vgl. mit BH_4^- und NH_4^+ 31, 202
Vgl. mit Tetrafluormethan, CF_4 33, 204
Vgl. mit Tetrahydroborat, BH_4^- 31, 202

Methanol, CH_3OH 55
Vgl. mit Methylamin, CH_3NH_2 155, 209
Präzession in 209
Methoden 218
Methylamin, CH_3NH_2 17, 53
Basizität 53, 209
Präzession in 208
Vgl. mit Ammoniak, NH_3 17, 53, 197, 208
Vgl. mit Ethan, CH_3CH_3 17, 197
Vgl. mit Methanol, CH_3OH 155, 209
Mikrowellen-Spektroskopie 218
Modelle
falten 1
zusammenfügen 2–3, 141
Molekülorbital-Theorie
Grundlagen 5

Natriumhydrid, NaH 177
Neutronenbeugung 219
Newman-Projektion von Ethan 49
Nitrat, NO_3^- 187
Nitrit, NO_2^- 181
Nitrosylbromid, NOBr 181
Nitrosylchlorid, NOCl 181
Nitrosylfluorid, NOF 181
Nitrylfluorid, NO_2F 187

Oktaeder, AX_6 79, 99–105
Oktafluoroxenat(VI), XeF_8^{2-} 131–133
Oktafluorozirconat, ZrF_8^{4-} 123–125, 127–129
Orbitale
Atom- 5
bindende und nicht-bindende 6, 191
Energie 6
Hybrid- 6, 191, 203
in zweiatomigen Spezies 207
Molekül- 5
Valenz- 5
Oxidation
Auswirkungen auf die Struktur 210
ClO_3^- vs. ClO_4^- 212
Definition 199
PCl_3 vs. $POCl_3$ 201
PF_3 vs. POF_3 199
PHF_2 vs. $HPOF_2$ 201
Ozon, O_3 181

Sachwortverzeichnis

Perchlorat, ClO$_4^-$ 73
    Vgl. mit Chlorat, ClO$_3^-$ 73, 212
Periodat, IO$_4^-$ 75
    Vgl. mit Xenontetroxid, XeO$_4$ 77, 212
    Winkel 75, 212
Phosgen, CCl$_2$O 187
Phosphin, PH$_3$ 19
    Basizität gegenüber NH$_3$ 19, 198
    Vgl. mit Ammoniak, NH$_3$ 19, 197
    Vgl. mit Phosphortrifluorid, PF$_3$ 21, 198
    Vgl. mit Schwefelwasserstoff, H$_2$S 19, 198
    Vgl. mit Silan, SiH$_4$ 19, 198
Phosphor, P$_4$ 149
Phosphorhexafluorid, PF$_6^-$ 103–105
Phosphoroxidchlorid *siehe* Phosphorylchlorid
Phosphoroxidfluorid *siehe* Phosphorylfluorid
Phosphorpentafluorid, PF$_5$ 89
Phosphorsäure, H$_3$PO$_4$ 67–69
    Vgl. mit Phosphorylfluorid, POF$_3$ 69, 211
    Vgl. mit Schwefelsäure, H$_2$SO$_4$ 67, 211
Phosphortribromid, PBr$_3$
    Vgl. mit PCl$_3$ und PF$_3$ 23, 200
Phosphortrichlorid, PCl$_3$ 23
    Vgl. mit PF$_3$ und PBr$_3$ 23, 200
    Vgl. mit Phosphorylchlorid, POCl$_3$ 23, 201
    Vgl. mit SiCl$_4$ und SCl$_2$ 23, 200
    Vgl. mit Stickstofftrichlorid, NCl$_3$ 23, 200
    Vgl. mit Trichlorsilan, SiHCl$_3$ 23, 201
Phosphortrifluorid, PF$_3$ 21
    Addukt mit BH$_3$, BH$_3$·PF$_3$ 43–47
    Vgl. mit Phosphorylfluorid, POF$_3$ 45, 206
    Vgl. mit Trifluormethan, CH$_3$SiF$_3$ 43, 206
    Reaktion mit Diboran, B$_2$H$_6$ 143, 206
    Vgl. mit PCl$_3$ und PBr$_3$ 23, 200
    Vgl. mit Phosphin, PH$_3$ 21, 198
    Vgl. mit Phosphorylfluorid, POF$_3$ 21, 199
    Vgl. mit SiHF$_3$ und SF$_2$ 21, 200
    Vgl. mit Stickstofftrifluorid, NF$_3$ 21, 199
    Vgl. mit Trifluorsilan, SiHF$_3$ 21, 200
Phosphorylchlorid, POCl$_3$
    Vgl. mit Phosphortrichlorid, PCl$_3$ 23, 201
Phosphorylfluorid, POF$_3$ 65
    Vgl. mit BH$_3$·PF$_3$ 45, 206
    Vgl. mit Phosphorsäure, H$_3$PO$_4$ 69, 211
    Vgl. mit Phosphortrifluorid, PF$_3$ 121, 199
    Vgl. mit Siliciumtetrafluorid, SiF$_4$ 63, 210
Photoelektronenspektroskopie
    und Methan 203
    von zweiatomigen Spezies 207
Präzession
    in CH$_3$NH$_2$ 209
    in CH$_3$OH 209
Prisma, überkappt trigonales 107, 115–117
Propadien *siehe* Allen
Protonenumsiedelung
    H ins Zentralatom 192
    PHF$_2$ vs. SF$_2$ 25, 201
    Verwandlung von
        CH$_3$NH$_2$ in CH$_3$CH$_3$ 17, 197
        CH$_4$ in NH$_3$ 11, 192
        CHF$_3$ in NF$_3$ 13, 195
        NHF$_2$ in CH$_2$F$_2$ 17, 197
        NHF$_2$ in OF$_2$ 17, 197
        SiF$_4$ in POF$_3$ 63, 210
Pyramide
    quadratische, AX$_4$E 189
    trigonale, AX$_3$E 7, 9–27

quadratisch
    -antiprismatisch, AX$_8$ 107, 127–131
    -planar, AX$_4$E$_2$ 189
Quarz, (SiO$_2$)$_x$ 161–173

Röntgen
    -beugung 219
    -strukturanalyse 67, 210
Raman-Spektroskopie 219

Säure
- -stärke *siehe* auch Acidität
- Lewis- und BF$_3$ 41, 205

Salpetrige Säure, HNO$_2$ 181

Sauerstoff, O$_2$, O$_2^-$, O$_2^{2-}$ und O$_2^+$ 177

Sauerstoffdichlorid, OCl$_2$ 183
- Vgl. mit CCl$_4$ und NCl$_3$ 15, 197

Sauerstoffdifluorid, OF$_2$ 183
- Vgl. mit CF$_4$ und NF$_3$ 13, 196
- Vgl. mit Difluoramin, NHF$_2$ 17, 197

Schwefeldichlorid, SCl$_2$ 183
- Vgl. mit SiCl$_4$ und PCl$_3$ 23, 200

Schwefeldifluorid, SF$_2$ 183
- Vgl. mit Difluorphosphan, PHF$_2$ 25, 201
- Vgl. mit SiHF$_3$ und PF$_3$ 21, 200

Schwefeldioxid, SO$_2$ 181

Schwefelhexafluorid, SF$_6$ 101

Schwefelkohlenstoff, CS$_2$ 179

Schwefeloxidtetrafluorid 91

Schwefelsäure, H$_2$SO$_4$ 71
- Vgl. mit Phosphorsäure, H$_3$PO$_4$ 167, 211
- Winkel 71, 211

Schwefeltetrafluorid, SF$_4$ 83

Schwefeltrioxid, SO$_3$ 187

Schwefelwasserstoff, H$_2$S 183
- Vgl. mit Phosphin, PH$_3$ 19, 198

Silan, SiH$_4$ 61
- Vgl. mit Phosphin, PH$_3$ 19, 198

Siliciumtetrachlorid, SiCl$_4$
- Vgl. mit PCl$_3$ und SCl$_2$ 23, 200

Siliciumtetrafluorid, SiF$_4$ 63
- Vgl. mit Phosphorylfluorid, POF$_3$ 63, 210

Stickstoff, N$_2$ und N$_2^+$ 177

Stickstoffdioxid, NO$_2$ und NO$_2^+$ 181

Stickstoffmonoxid, NO und NO$^+$ 177

Stickstofftrichlorid, NCl$_3$ 15
- Vgl. mit CCl$_3^-$ 59, 209
- Vgl. mit CCl$_4$ und OCl$_2$ 15, 197
- Vgl. mit NH$_3$ und NF$_3$ 15, 196
- Vgl. mit Phosphortrichlorid, PCl$_3$ 23, 200
- Vgl. mit Trichlormethan, CHCl$_3$ 15, 196

Stickstofftrifluorid, NF$_3$ 13
- Vgl. mit Ammoniak, NH$_3$ 13, 194
- Vgl. mit Bortrifluorid, BF$_3$ 13, 194
- Vgl. mit CF$_4$ und OF$_2$ 13, 196
- Vgl. mit Phosphortrifluorid, PF$_3$ 19, 199
- Vgl. mit Stickstofftrichlorid, NCl$_3$ 15, 196
- Vgl. mit Trifluormethan, CHF$_3$ 13, 195

Stickstoffwasserstoffsäure, HN$_3$ 179, 181

Struktur
- und Bindung 3
- und Bindungswinkel 19, 197
- und Energie 215
- und Kristallgitter 67, 69, 210, 211

t-förmig-planar, AX$_3$E$_2$ 189

Tetrachlormethan, CCl$_4$
- Vgl. mit NCl$_3$ und OCl$_2$ 15, 197

Tetraeder, AX$_4$ 7, 29–77

Tetraeder, verzerrtes, AX$_4$E 79, 81–85

Tetrafluorberylat, BeF$_4^{2-}$
- Vgl. mit BF$_4^-$ und CF$_4$ 133, 204
- Vgl. mit Fluoroborat, BF$_4^-$ 33, 39, 204, 205

Tetrafluormethan, CF$_4$ 33
- Vgl. mit BeF$_4^{2-}$ und BF$_4^-$ 33, 204
- Vgl. mit Methan, CH$_4$ 33, 204
- Vgl. mit NF$_3$ und OF$_2$ 13, 169

Tetrahydroborat, BH$_4^-$ 37
- Vgl. mit CH$_4$ und NH$_4^+$ 31, 202
- Vgl. mit Fluoroborat, BF$_4^-$ 39, 205
- Vgl. mit Methan, CH$_4$ 31, 202
- als „Hydridquelle" 37, 204

Trichlormethan, CHCl$_3$ 59
- Acidität 59
- Vgl. mit Stickstofftrichlorid, NCl$_3$ 59, 209

Trichlorsilan, SiHCl$_3$
- Vgl. mit Phosphortrichlorid, PCl$_3$ 23, 201

Trifluormethan, CHF$_3$ 57
- Vgl. mit Stickstofftrifluorid, NF$_3$ 13, 195
- Vgl. mit Trifluorsilan, SiHF$_3$ 57, 209

Trifluormethylsilan, CH$_3$SiF$_3$
- Vgl. mit BH$_3$·PF$_3$ 43, 206

Trifluorsilan, SiHF$_3$
- Vgl. mit PF$_3$ und SF$_2$ 21, 200

Vgl. mit Trifluormethan, CHF_3 57, 209
trigonal-planare Spezies, AX_3 185–187

Ultraviolett-Spektroskopie 219
Uranylnitrat, $UO_2(NO_3)_3^-$ 119–121

Valenz
    -elektronen 5
    -orbitale 5

Wasser, H_2O 183
Wasserstoff, H_2 und H_2^+ 177

Xenondifluorid, XeF_2 179
Xenontetrafluorid, XeF_4 189
Xenontetrafluoridoxid, $XeOF_4$ 97
Xenontetroxid, XeO_4 77
    Vgl. mit Periodat, IO_4^- 77, 212
Xenontrioxid, XeO_3 27
    Vgl. mit Iodat, IO_3^- 27, 202

Zusammenfassung der Trends 212
zweiatomige Spezies 177
    Molekülorbitale 207
    Photoelektronenspektroskopie 207

MIX
Papier aus verantwortungsvollen Quellen
Paper from responsible sources
FSC® C105338

If you have any concerns about our products,
you can contact us on
ProductSafety@springernature.com

In case Publisher is established outside the EU,
the EU authorized representative is:
Springer Nature Customer Service Center GmbH
Europaplatz 3, 69115 Heidelberg, Germany

Printed by Libri Plureos GmbH
in Hamburg, Germany